国家自然科学基金资助项目(41404026,41304020)

弹道学中重力场模型重构理论与方法

DANDAOXUE ZHONG ZHONGLICHANG MOXING CHONGGOU
LILUN YU FANGFA

王建强 著

中国地质大学出版社
ZHONGGUO DIZHI DAXUE CHUBANSHE

图书在版编目(CIP)数据

弹道学中重力场模型重构理论与方法/王建强著. —武汉:中国地质大学出版社,2018.7

ISBN 978-7-5625-4325-1

Ⅰ.①弹…
Ⅱ.①王…
Ⅲ.①弹道学-地球重力场-模型-研究
Ⅳ.①O315 ②P223

中国版本图书馆 CIP 数据核字(2018)第 153840 号

弹道学中重力场模型重构理论与方法		王建强 著	
责任编辑:舒立霞		责任校对:徐蕾蕾	

出版发行:中国地质大学出版社(武汉市洪山区鲁磨路388号)　邮编:430074
电　　话:(027)67883511　　传　真:(027)67883580　E-mail:cbb@cug.edu.cn
经　　销:全国新华书店　　　　　　　　　　　　　　　http://cugp.cug.edu.cn

开本:787毫米×960毫米　1/16　　　字数:167千字　　印张:8.5
版次:2018年7月第1版　　　　　　印次:2018年7月第1次印刷
印刷:武汉市籍缘印刷厂　　　　　　印数:1—500 册
ISBN 978-7-5625-4325-1　　　　　　　　　　　　　定价:46.00 元

如有印装质量问题请与印刷厂联系调换

前 言

  地球重力的快速精确赋值是将导弹精确送入指定地点的重要技术指标。由于导弹的快速运动特性,如何快速准确地获取重力场信息是实现导弹顺利发射和精确打击的关键。本书以此为背景,研究了弹道学中地球重力场模型重构理论与方法的一些问题,全书共分为 8 章。

  第一章主要介绍了地球重力场的研究情况以及地球重力场在弹道学中的应用研究进展。第二章阐述了弹道学基本原理以及介绍了在数值计算中需要考虑的一些弹道动力参数,然后介绍了几个弹道学中常用的坐标系,最后用数值计算方法说明射程误差系数的数值问题。第三章叙述了球谐函数模型计算地球外部任一点的扰动引力。计算球函数的一个关键问题是快速准确地计算缔合勒让德函数。本书计算分析了多种缔合勒让德函数在不同环境下的计算速度和稳定性,试验分析结果可为工程应用提供借鉴。应用重力场位球谐函数计算重力场元的另一个重要问题是三角函数的快速计算。试验对三角函数递推计算和函数调用在计算机上的运行速度进行了对比,结果表明递推计算在速度上具有明显优势。第四章推导了空间坐标下新旧坐标的球函数换极转换公式,给出了利用球面三角函数计算新坐标系下坐标的计算公式。试验比较分析了两种极点下新球函数模型计算扰动引力的精度和计算速度,结果表明:两种新模型都可以提高重力场元的计算速度,特别是导弹沿新赤道飞行的换极方法,利用 Clenshaw 求和计算方法可以极大地提高换极后重力场位模型计算扰动重力的速度。由于球函数在极点区域奇异的性质,利用换极后导弹沿新子午线飞行的模型计算扰动引力在新极点附近存在较大误差。第五章研究了球冠谐模型实现扰动引力快速计算的方法。比较分析了球冠谐方法和球谐方法在计算方法上的异同及逼近效果。介绍了非整阶缔合勒让德函数的计算方法,通过计算分析非整阶缔合勒让德函数的性质,发现球冠谐方法逼近重力场逼近阶次是有限的。通过试验验证了球冠谐方法可以代替相应阶次的重力场位模型,并通过截断模型误差公式给出了球冠谐方法在弹道学中的适用范围。在球冠谐映射基础上,提出了虚拟球谐方法,并用实验验证了该方法的可行性。第六章分析了构建虚拟点质量模型的优点和构建中的关键问题,建立了点质量模型的构造方法。对点质量模型的误差传播性质进行了探讨分析并以此作为选择虚拟球半径的一个条件依据。本书提出了增大点质量模型逼近区域的方法,用模拟数据验证了该方法的有效性。利用 EGM2008 计算的重力异常作为理论观测值,在低阶次重力场位模型基础上,利用分层次法构建虚拟点质量模型,并对该模型进行了精度分析,对比分析了点质量模型和同精度重力场位函数模型计算重力场元的运算速度。第七章研究了多项式拟合和样条插值实现扰动重力快速赋值方法。为了保证准确快速赋值,制定了最佳的弹道分段和最优的多项式拟合的次数标准,并探讨了该理论的实现方法。试验模拟了3种分段方法以及不同次数的多项式函数拟合弹道扰动引力,结果显示:采用多项式拟合时计算速度快,所需内存少,但是需要对弹道上的扰动引力进行分段拟合。采用等距B样条插值也可实现扰动引力的快速赋值,计算时所需内存少,采用B样条插值可以更灵活地对弹道进行分段插值,减少不必要的插值节点。第八章从理论上分析了垂线偏差对弹道确定的几何影响,并分析了垂线偏差误差对导弹落点偏差的影响。推导了垂线偏差对导弹落点几何偏差的计算公式,分析了垂线偏差对导弹在发射坐标系下各方向的影响。模拟试验了两个方向分量均为 $20''$ 的垂线偏差对不同射程的落点偏差的影响,并假设天文大地方位角为 $90°$,结果表明:对于超过 1000km 射程的导弹,须消除垂线偏差对导弹的影响。研究了弹道射程同主动段终点运动参数的关系,并以此为基础,分析了弹道射程偏差相对应的3个运动参数的一阶误差系数。研究了弹道射程偏差同弹道主动段终点运动参数误差的关系,分析了两种不同高度情况下弹道射程偏差的性质,可为弹道优化设计和数学建模提供参考。试验简化了弹道数值微分方程,以速度倾角函数代替实际导弹倾角变化,对弹道主动段运动进行了数值试验。试验结果表明:弹道偏差对速度非常敏感,对于远程导弹,10mGal 重力场赋值误差造成的速度误差可使弹道偏差达 2km。

鉴于笔者学术水平有限,疏漏之处在所难免,敬请读者批评指正。

王建强
2018 年 2 月

目 录

第一章 绪 论 ……………………………………………………………… (1)
  第一节 引 言 …………………………………………………………… (1)
  第二节 国内外研究现状 ………………………………………………… (4)

第二章 弹道学基础 ………………………………………………………… (6)
  第一节 弹道参数 ………………………………………………………… (6)
  第二节 常用坐标系 ……………………………………………………… (8)
    一、发射坐标系 ………………………………………………………… (8)
    二、其他坐标系 ………………………………………………………… (9)
    三、发射坐标系与空间直角坐标系的关系 …………………………… (10)
  第三节 射程误差系数 …………………………………………………… (11)

第三章 位理论赋值模型 …………………………………………………… (14)
  第一节 重力场位模型 …………………………………………………… (14)
  第二节 勒让德函数的递推计算方法 …………………………………… (23)
    一、标准向前列递推 …………………………………………………… (23)
    二、标准向前行递推 …………………………………………………… (24)
    三、Belikov 递推 ……………………………………………………… (27)
    四、跨阶次递推 ………………………………………………………… (28)
  第三节 Clenshaw 递推求和 …………………………………………… (29)
  第四节 函数模型的计算速度 …………………………………………… (31)
    一、勒让德函数的计算速度 …………………………………………… (31)
    二、三角函数的计算速度 ……………………………………………… (34)
  第五节 勒让德函数的稳定性 …………………………………………… (34)

第四章 球函数坐标变换法 ………………………………………………… (38)
  第一节 极点的选取 ……………………………………………………… (38)

第二节　新模型的建立 …………………………………………… (40)
　　第三节　数值试验 ………………………………………………… (46)
第五章　球冠谐计算区域重力场 …………………………………… (52)
　　第一节　球冠谐展开 ……………………………………………… (52)
　　第二节　Muller方法 ……………………………………………… (54)
　　第三节　球冠谐映射方法 ………………………………………… (58)
　　第四节　仿真试验 ………………………………………………… (62)
　　第五节　模型构建 ………………………………………………… (65)
　　　一、重力场逼近精度 …………………………………………… (71)
　　　二、重力场元计算速度 ………………………………………… (75)
第六章　基于点质量模型的数值逼近理论 ………………………… (77)
　　第一节　原　理 …………………………………………………… (77)
　　第二节　误差分析 ………………………………………………… (79)
　　第三节　模拟试验 ………………………………………………… (83)
　　第四节　重力归算 ………………………………………………… (94)
　　第五节　重力延拓 ………………………………………………… (97)
　　第六节　小　结 …………………………………………………… (100)
第七章　函数快速赋值方法 ………………………………………… (102)
　　第一节　多项式拟合 ……………………………………………… (102)
　　第二节　B样条逼近算法 ………………………………………… (104)
　　　一、三次B样条函数 …………………………………………… (105)
　　　二、三次等距B样条函数 ……………………………………… (106)
　　　三、数值试验 …………………………………………………… (108)
第八章　数值实验与分析 …………………………………………… (114)
　　第一节　垂线偏差对弹道的影响 ………………………………… (114)
　　第二节　垂线偏差数值计算 ……………………………………… (118)
　　第三节　落点偏差试验及分析 …………………………………… (119)
主要参考文献 ………………………………………………………… (122)

第一章 绪 论

第一节 引 言

弹道是导弹在空中飞行时质心所经过的轨迹。根据导弹从发射点到目标点运动过程中的受力情况，可将弹道分为主动段和被动段，被动段又可以再分为自由段和再入段。弹道分段的目的在于不同的飞行阶段上采用不同的微分方程式，以获得导弹运动的客观规律。在主动段，发动机和控制系统一直在工作，作用在导弹上的主要因素有重力、空气阻力和发动机推力、控制力。导弹开始时作垂直上升运动，此后，导弹在控制系统下开始"转弯"，并指向目标。随着时间的增长，导弹的飞行速度、飞行高度、飞行距离逐渐增大，此段时间并不长，一般在几十秒到几百秒的范围内。在被动段开始时，弹头与箭体已经分离。若弹头上不安装动力装置与控制系统，则弹头依靠在主动段终点处获得的能量作惯性飞行。这一段作用在弹上的力是可以相当精确地计算的，因此可以比较准确地掌握弹头的运动规律，从而保证弹头在一定射击精度要求下去命中目标。被动段分为自由段和再入段，这主要是由于自由段的飞行高度比较高，空气非常稀薄，可以略去空气动力的影响，而在再入段要考虑空气动力对弹头的作用。由于空气密度随高度变化是连续的，因而划出一条有、无空气的边界是不可能的，为简化研究问题起见，人为地以一定高度划出一条边界作为大气边界层。

地球物理环境的摄动对远程弹道导弹的命中精度有非常重要的影响，地球重力场是地球物理环境中最主要的因素之一。因此，弹道的精确定轨离不开高精度的重力场信息的支持。导弹的轨迹近似椭圆，它的运动速度很快，飞行时间短，因此对重力场信息的获取有特殊的要求，比如重力场元精度高、算法速度快和所需内存少等。

地球重力场的理论研究历来都是大地测量学的主要研究任务(宁津生，2001)，位理论作为地球引力场理论的基础，一直都是大地测量学界的主要研究内容。随着重力场观测技术的快速发展，位理论得到了越来越多的发展(Jekeli，2007)与应用(Richard，1996)。地球重力场赋值的数值研究主要内容则是确定一定高度所需要计算的重力场模型的最高阶，分析不同方法的计算速度、获取精度。在技术指标要求的时间限制内简化计算时所产生的计算误差,减少计算时间,消除速度对任务的影响。这些研究内容需要通过大量的数值模拟,以确定数值研究的重点突破方向。

地球重力场是地球物质分布的物理场(宁津生,1994),在弹道学应用中,扰动引力的计算是核心内容。地球外部扰动引力场包含不同的频段。扰动引力场的低频成分主要来源于地球内部地核、地幔物质的不均匀性;中频成分主要来源于地壳、地幔物质的不均匀性;高频和甚高频成分主要来源于地壳物质不均匀性及地形的不规则性。地球内部物质分布的不均匀性及地形的不规则性对不同空间的扰动引力的影响是不同的(傅容珊,1983;Bowin,1983)。高空区域,主要是低频场源起作用,高频以上的场源作用影响很小;低空区域,中频、高频以及甚高频对扰动场的影响已经不能忽略,它们的影响在有些低空地区超过低频的影响。

地球重力场的研究在理论上归结为解算大地测量边值问题。大地测量边值问题是物理大地测量学的主要理论支柱,是研究地球重力场的理论基础,也是局部重力场逼近的基本理论(管泽霖等,1997;Holota,2007),因此边值问题的求解是地球重力场中非常重要的研究内容。目前,人们已提出许多求解物理大地测量边值问题的方法。Moritz(1980)把它们归纳为两类:模型逼近和算法逼近,前者是应用相应的观测信息最佳地确定模型,它相对于连续型边界函数情况;后者则是最佳地利用各种观测信息逼近重力场元,它相对于有限离散型的边界约束。最早提出的边值理论是以大地水准面为边界面的Stokes理论(Moritz,1980;管泽霖等,1981),然后出现的是以似地球表面为边界面的Molodensky理论(管泽霖等,1981;Molodenskii et al,1960;陆仲连等,1992)。继Molodensky问题之后出现的Hotine边值问题(管泽霖等,1997;李建伟,2004)和Bjerhammar虚拟边界面边值问题(李建成等,2003;Bjerhammar,1964),也是重力场逼近最常用的方法,随着科学技术的发展,以最小二乘配置理论为代表的配置解及球谐函数解成为当前领域研究的一个热点。

Stokes理论的直接积分法(蒋福珍等,1986)是利用地面重力异常数据,通过Stokes积分直接计算地球外部扰动引力。由于Stokes理论是建立在大地水准面为边界面上的,因此应用Stokes公式需要把地面上观测的重力值归算到大地水准面上,这给Stokes问题本身带来了不可避免的理论缺陷。归算的关键是空间异常、布格异常、法耶异常等的计算(Vanicek et al,2004),这些归算都有物质密度的假设。Stokes理论的向上延拓法实际是泊松积分的平面近似。使用向上延拓法,需要提供计算区域的重力异常、大地水准面高和垂线偏差。Stokes理论的覆盖层法是将扰动位看作由一个覆盖在整个球面上密度为K的单层扰动质量引起。单层密度可通过重力异常和大地水准面高计算。黄谟涛等(1993)讨论了这几种方法的应用。孟嘉春等(1987)对以上三种方法进行了分析比较,给出了各种方法的优缺点。游存义(1991)提出了只利用大地水准面高或大地水准面高差作为观测量的新方法。

以似地球表面为边界面的 Molodensky 边值问题是将扰动位表示成单层位,在此基础上将边界条件变换为积分方程进行求解。Molodensky 边值问题从根本上克服了 Stokes 问题需要假设地壳密度的困难,Molodensky 边值问题的求解方法有 Molodensky 和 Brovar 级数解(Moritz,1980)、连续逼近法(Holota,1989)和解析延拓法(于锦海等,2011)等。Molodensky 边值问题的解析延拓解,其思想是将地面重力异常用解析的方法延拓到计算点的水准面上,然后将 Stokes 积分应用于该水准面求出扰动位。由于这些解顾及了地形改正,有更高的精度。但是 Molodensky 边值问题的计算比 Stokes 直接积分法更为复杂,这限制了它在弹道导弹飞行空间扰动引力赋值上的采用。

Hotine 边值问题是以大地水准面为边界面的第二外部边值问题,即已知扰动位在边界面上的径向导数,然后求扰动位。Hotine 边值问题采用的数据是重力扰动。有很多学者认为,Hotine 公式在一定程度上优于 Stokes 公式(Vanicek,1992),但是由于计算扰动重力要求知道重力测点在参考椭球上的高度,而陆地上的重力点都是以正常高(或者正高)作为高程基准,不好计算扰动重力。但是,Hotine 边值问题仍然有其重要的理论意义。随着空间技术的发展,特别是 GNSS 技术和卫星测高技术的快速发展,Hotine 边值问题得到发挥的空间(李建伟,2004;Li Jiancheng,2002)。

瑞典学者 Bjerhammar 于 1964 年提出了以某一虚拟球面作为边界面,将大地测量边值问题转换为这样的球面外边值问题的理论,又称为 Bjerhammar 换置理论。Bjerhammar 解是将近似地球表面外部的扰动位向下延拓直到地球内部的一个虚拟球面上,这个球称为 Bjerhammar 球。蒋福珍(1984)分析了 Bjerhammar 解的具体计算方案。虚拟质点解又称点质量法、扰动质点法。该方法是由 Paul 于 20 世纪 60 年代末提出的,目的是简化远程弹道导弹的弹道计算(Benneff et al,1976)。点质量法基于 Bjerhammar 理论,采用具有一定几何分布的地球内部质点系所产生的位等效地表示地球外部扰动位。它不需要考虑虚拟扰动质点实际分布如何,只要求质点系在地球表面产生的位及其导出物理量能以给定的精度逼近场元观测,实际上是用质点系的线性组合来逼近地球外部扰动位。点质量法模式结构简单,便于快速赋值,可顾及地形效应(Sunkel,1983;Needham,1970),并隐含了对场元地表观测作自然内插,因此得到了广泛的应用。吴晓平(1984)等讨论了点质量的具体实现方法,并给出了试验结果。但点质量法也存在一些问题,如计算中涉及求解大规模线性代数方程组问题,模型结构随意性大,无法确保精度。另外,朱灼文等(1985)证明:该方法不具最小模和最佳逼近性质,因而不是最佳逼近解。

根据 Bjerhammar 理论,许厚泽等(1984)在 20 世纪提出地球外部引力场的虚拟单层密度表示(操华胜等,1985)。该方法具有与 Bjerhammar 解相同的性质。但与 Bjerhammar 解相比,积分核大大简化,计算简单,稳定性强,使用资料范围更小。与一般的覆盖层法相比,可以考虑局部地形效应,计算精度更高。在此基础上,朱灼文等(1987,1997,1999)提出了统一引力场赋值理论。该方法提出的赋值模式结构简单,奇异性弱,可自动考虑地形效应,且整个计算都是正算,不像点质量法那样需要逆算,符合引力快速计算的要求。程芦颖等(2003)对以上方法进行了系统的归纳,给出了它们之间的换算关系,并分析了实用计算中各种方法的优劣。李照稳等(2004)分析了点质量模型的频谱特性,为建立最优点质量模型提供借鉴。

最小二乘配置解是以局部范围内不规则分布的各类观测量(引力异常、高程异常、卫星测高数据等)得到一个满足最小误差方差条件的扰动位解并能同时估算其误差。Moritz、夏哲仁、朱灼文等(1989,1995)对最小二乘配置方法具体应用中的技术问题做了探讨分析。随着重力探测技术的快速发展(钟波,2010),最小二乘配置解引起人们的关注(Tscherning,2001;Sanso,2003;Kotsakis,2007)。

弹道导弹引力快速赋值有两个关键技术问题需要解决:第一是弹道数值建模时引力赋值的准确性和快速性,第二是弹上数值建模的准确性、快速性和内存需求少的特性。

第二节 国内外研究现状

假设地球外部没有质量,则地球外部重力场是一个保守场,扰动位是一调和函数,满足 Laplace 方程(Heiskanen,1967)。因此,利用分离变量法,借助 Legendre 方程,可得到以 Legendre 函数线性组合表示的地球外部扰动位,即球谐函数解。该方法在航天器轨道运动计算中被广泛采用(刘林,2000;李济生,2003)。由于计算简单,其他赋值方法在考虑远区影响时一般也用球谐函数解。但该方法也存在一些问题:①球谐函数更多反映了地球引力场的低频部分,适宜于全球引力场赋值,而不适宜于局部低空引力场赋值。目前的位系数模型在计算低空扰动引力时有较大的截断误差。对于远程弹道导弹而言,只适用于被动段的计算,而不适用于主动段的计算。②由于要进行递推计算,阶次高时计算量大,不能满足被动段快速赋值要求。为此,任萱(1985)应用球谐函数展开变换方法(许厚泽等,1964;陆仲连,1988),适当选择极点,将模型改变为以地心距、侧向角偏差、射程角为参数的新表达式。变换后方法的计算速度大大提高,且可以保证足够的精度。另外,利用局部数据改进的球谐函数方法(任萱,1984;石磐,1994)、球冠谐分析(Li Jiancheng et al,1995;Thebault et al,2006;彭富清等,2000)等方法都可以作为研究对象。

点质量模型方法的研究在国内外得到相继探讨和研究(Sunkl,1983;Needham,1970;程雪荣,1984;黄金水等,1995;吴晓平,1984;黄谟涛,1991;李照稳等2004;赵东明,2009)。由于其计算简单、运行速度快等优点,适合于弹道导弹快速赋值模型的要求。

目前,谱方法已经广泛应用到地球物理大地测量的计算(管泽霖等,1997)。Colombo 等(Colombo,1981;Li Jiancheng et al,1997;Van-heers,1990)对 FFT(快速傅立叶变换)在地球重力场计算中的应用做了大量工作。现在 FFT 的计算已经比较成熟,但由于需要很多初始数据,在弹道学应用中仍需有突破技术才适合应用。

数值逼近方法(郑伟,2006)的具体步骤是:首先采用以上任一种方法计算空间区域内选定节点的扰动引力,而后通过一定的建模方法,得到空间位置与扰动引力间的简单函数关系。1976 年 John 提出了重力位的有限元表达,模型函数可采用 Chebyshev 多项式或泰勒级数,文汉江(1993)在点质量模型基础上,引入有限元模型逼近重力场,随后多位学者对有限元赋值扰动引力做了研究(赵东明等,2003;陈摩西等,2008)。刘纯根(1998)讨论了多项式拟合方法的应用,郑伟等(2006)对有限元方法的应用作了进一步的探讨。赵东明等(2001)利用三次等距 B 样条插值把扰动引力表示为高度的函数,这样可以快速计算弹道上的扰动引力值。张皡等(2007)计算分析了利用多项式分次逼近点质量模型计算的空间扰动引力。

插值和拟合是常用的两种数值逼近方法。施浒立等(1988)提出的广义延拓逼近法为数值逼近提供了新的思路。该方法将插值和拟合有机结合,目前已应用于抛物面天线拟合、电磁场传播、卫星导航等领域,并提出了延拓有限元、延拓边界元等新的方法(施浒立等,2005)。郑伟等(2007)将该方法应用于扰动引力的逼近,得出了有意义的结论。赵东明(2009)较为详细地计算分析了插值和拟合逼近点质量模型计算的地球外部重力场。

目前国内外对弹道导弹赋值理论进行系统分类并不完善。通过以上所述,弹道导弹引力赋值模型可以分为两类,一类为弹前准备的赋值模型,一类为弹上赋值模型。适合弹前准备的赋值模型理论有位模型理论、点质量模型理论、谱方法和延拓理论等。适合弹上快速赋值理论包括位模型理论和函数拟合理论等。对于弹上快速赋值模型的位理论,由于弹道高度不同,位模型的使用范围有一定的限制。

垂线偏差会影响导弹的落点偏差(王明海等,1995;贾沛然,1983;Gore,2014)。这种影响包括几何上的影响和动力学上的影响。对于远程导弹而言,必须考虑垂线偏差对弹道的影响。

第二章 弹道学基础

第一节 弹道参数

弹道是指导弹在空中飞行时质心的飞行路线。根据导弹从发射点到目标的运动过程中受力的情况,可将弹道(图 2-1)分为主动段 ok 段,被动段 kc 段,被动段又可以再分为自由段 ke 段和再入段 ec 段,图中 O_E 为地球质心,o 为发射点,k 为关机点,e 为再入点,c 为落点。弹道分段的目的在于不同的飞行阶段上可采用不同的微分方程式,以求得导弹运动的客观规律。现分别介绍各飞行段的特点。

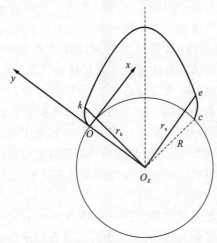

图 2-1 弹道分段图

(1)主动段(ok 段):从导弹离开发射台到主发动机停机为止的一段弹道。这一阶段发动机和控制系统一直在工作,作用在弹上的主要因素有重力场、空气和发动机推力、控制力。推力克服重力、空气阻力等,并且控制系统一直按给定的程序对导弹进行控制,保证导弹按预定的弹道飞行。导弹开始时作垂直上升运动,之后,导弹在控制系统下开始"转弯",并指向目标。随着时间的延长,导弹的飞行速度、飞行高度、飞行距离逐渐增大。此段时间并不长,一般在几十秒到几百秒的范围内。

(2) 被动段(kc 段):从主动机推力为 0 起,到导弹向地面为止这一段。在被动段开始时,弹头与弹体已经分离。若在弹头上不安装动力装置与控制系统,则弹头依靠主动段终点处获得的能量作惯性飞行。这一段作用在弹上的力是可以相当精确地计算的,因此可以基本上比较准确地掌握弹头的运动规律,从而可以保证弹头在一定射击精度要求下去命中目标。被动段又可以分为自由段和再入段,这主要是由于自由段的飞行高度比较高,空气非常稀薄,可以略去空气动力的影响,而在再入段要考虑空气动力对弹头的作用。由于空气密度随高度变化是连续的,因而划出一条有、无空气的边界是不可能的,为简化研究问题起见,人为地以一定高度划出一条边界作为大气边界层。事实上,一般离地面高度为 70km 左右处的大气密度只有地面大气密度的万分之一,因此可取该高度作为自由段与再入段的分界点。本文采用的标准大气公式,是以 91km 作为空气边界的。

① 自由段(ke 段):由于远程导弹主动段终点高度约为 200km,弹头从主动段终点到再入点这一段是在极为稀薄的大气中飞行,作用在弹头上的重力远大于空气动力,故可以近似地将空气因素略夫。自由段弹道可近似看作椭圆曲线的一部分,并且此段弹道的射程和飞行时间占全弹道的 80%~90% 以上。

② 再入段(ec 段):再入段就是弹头重新进入稠密大气层后飞行的一段弹道。弹道高速进入大气层后,将受到巨大的空气动力作用,由于空气动力的制动作用远远大于重力的影响,这既引起导弹强烈的气动加热,也使导弹作剧烈的减速作用。但是由于这段速度非常高,时间很短,目前的导弹都带有动力装置和控制系统,改变运动轨迹,因此本书将其作为 ke 段的延伸。

导弹的设计参数分别代表导弹某一方面的性能,因此有必要先介绍一下导弹的几个设计参数。

1. 结构比 μ_k

$$\mu_k = \frac{m_k}{m_0} \tag{2-1}$$

式中,m_k 为导弹在主动段终点时的质量;m_0 为导弹在起飞点时的质量;μ_k 为导弹结构重量与起飞初重之比,是衡量导弹结构优劣的主要参数之一。μ_k 越小,则在相同起飞重力下,导弹空重小,导弹携带的燃料多,因而导弹的性能越优越,导弹所能达到的理想速度就越大。

2. 地面重推比 ν_0

$$\nu_0 = \frac{G_0}{P_0} \tag{2-2}$$

式中,ν_0 为导弹起飞重量 G_0 与地面推力 P_0 之比。ν_0 越小,表示导弹的加速度越大,并且导弹达到一定速度的时间越短,因而速度的重力损失减小。但 ν_0 不能太小,因为加速度太大会使过载太大,从而使导弹的结构重量增大。

3. 地面比推力 P_{spo}

$$P_{spo} = \frac{P_0}{\dot{G}_0} \tag{2-3}$$

式中,P_{spo} 为发动机地面推力 P_0 与地面秒消耗量 $\dot{G}_0$ 的比值,是衡量发动机性能的指标之一,为了获得一定的地面推力,P_{spo} 大,则所消耗的燃料重量少。

4. 发动机高空特性系数 a

$$a = \frac{P_{spv}}{P_{spo}} \tag{2-4}$$

式中,a 为发动机真空比推力 P_{spv} 与地面比推力 P_{spo} 之比,其变化很小,约为 1.10~1.15。

5. 起飞截面负荷 P_M

$$P_M = \frac{G_0}{S_M} \tag{2-5}$$

式中,G_0 为导弹起飞重量,S_M 为最大横截面,P_M 表示单位截面上的起飞重量。

除以上 5 个参数外,还常引入辅助参数 $T = \frac{G_0}{\dot{G}_0} = \frac{m_0}{\dot{m}}$,称 T 为理想时间,它不是独立参数,是 ν_0 与 P_{spo} 之积。

第二节 常用坐标系

一、发射坐标系

坐标原点与发射点 o 固连。ox 轴在发射点水平面内,指向发射瞄准方向。oy 轴垂直于发射点水平面指向上方。oz 轴与 xoy 面相垂直并构成右手坐标系。由于发射点 o 随地球一起旋转,所以发射坐标系为一动坐标系。当把地球看成圆球时,发射坐标系的一般定义如图 2-2 所示,oy 轴与过 o 点的地球半径重合,ox 轴与子午线切线正北方向的夹角称为方位角 A,利用该坐标系可建立火箭相对于地面的运动方程,便于描述火箭相对于大气运动所受到的作用力。

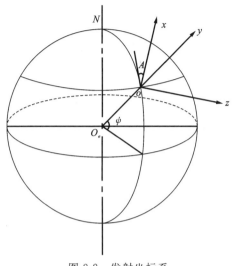

图 2-2 发射坐标系

图 2-2 中，o 点的地心大地坐标为 (r,φ,λ)，大地直角坐标为 (r,φ,λ)，这两个坐标系之间的关系为：

$$\begin{cases} x = r\cos\varphi\cos\lambda \\ y = r\cos\varphi\sin\lambda \\ z = r\sin\varphi \end{cases} \quad (2\text{-}6)$$

二、其他坐标系

在弹道学中，常用的坐标系还有空间直角坐标系、大地坐标系、地心纬度坐标系和天文坐标系(贾沛然,1983；王明海等,1995)。

大地坐标系 (B,L,H) 转换为地心纬度 (r,φ,λ) 坐标系之间的相互关系可通过空间直角坐标 (x,y,z) 建立联系。

$$\begin{cases} x = (N+H)\cos B\cos L \\ y = (N+H)\cos B\sin L \\ z = [N(1-e^2)+H]\sin B \end{cases} \quad (2\text{-}7)$$

式中，$N = a/\sqrt{1-e^2\sin^2 B}$，空间直角坐标系同地心纬度关系：

$$\begin{cases} r = \sqrt{x^2+y^2+z^2} \\ \varphi = a\sin(z/r) \\ \cos\lambda = x/\sqrt{x^2+y^2} \end{cases} \quad (2\text{-}8)$$

若已知一点的天文经纬度 (φ,λ) 和大地经纬度 (B,L)，则该点的垂线偏差为：

$$\begin{cases} \xi = \varphi - B \\ \eta = (\lambda - L)\cos\varphi \end{cases} \quad (2\text{-}9)$$

天文方位角 α 归算为大地方位角 A 的近似公式为：

$$A = \alpha - \eta\tan\varphi \quad (2\text{-}10)$$

三、发射坐标系与空间直角坐标系的关系

在弹道学中,地面上的发射点、目标点以及飞行时导弹质心的空间位置都是用地心大地直角坐标系来确定的。由于描述导弹质心运动的微分方程都是相对于发射坐标系建立的,因此需要建立发射坐标系与大地直角坐标系的关系(张毅等,1998)。设发射点的大地直角坐标为 (x_0, y_0, z_0),空间一点在发射坐标系下坐标为 (x, y, z),该点在大地直角坐标系的坐标 (x_e, y_e, z_e) 为：

$$\begin{bmatrix} x_e \\ y_e \\ z_e \end{bmatrix} = \begin{bmatrix} d_{11} & d_{12} & d_{13} \\ d_{21} & d_{22} & d_{23} \\ d_{31} & d_{32} & d_{33} \end{bmatrix} \begin{bmatrix} x \\ y \\ z \end{bmatrix} + \begin{bmatrix} x_0 \\ y_0 \\ z_0 \end{bmatrix} \quad (2\text{-}11)$$

式中,转换矩阵为：

$$\begin{cases} d_{11} = -\sin L\sin A - \cos L\sin B\cos A \\ d_{12} = \cos L\cos B \\ d_{13} = -\sin L\cos A + \cos L\sin B\sin A \\ d_{21} = \cos L\sin A - \sin L\sin B\cos A \\ d_{22} = \sin L\cos B \\ d_{23} = \cos L\cos A + \sin L\sin B\sin A \\ d_{31} = \cos B\cos A \\ d_{32} = \sin B \\ d_{33} = -\cos B\sin A \end{cases} \quad (2\text{-}12)$$

式中,B、L 和 A 为发射点的大地纬度、大地经度和大地方位角,当这些参数为天文元素 φ、λ 和 α 时,它们是实际发射坐标系的转换参数。

导弹作为一个刚体在空间中运动,其运动有 6 个自由度,通过建立运动状态的微分方程组,可以描述它的运动状态,由于导弹的运动是在控制系统作用下飞行,因此需考虑控制系统对运动的影响。在工程上,为简化问题,通常将导弹的运动分为质心运动和绕质心的运动。本书的仿真试验是研究导弹的质心运动,并做一些简化计算。导弹在被动段的运动建模已经比较成熟,可以完成扰动重力的修正(段晓君,2002;王建强,2007;王正明等,1996),因此本书仅研究主动段下的扰动重力的影响。

第三节 射程误差系数

弹道导弹的被动段运动取决于主动段终点的参数。主动段终点 K 的参数有：K 点到地心的矢径 r_k，导弹的速度 V_k，导弹倾角 Θ_k（即速度与当地水平线之间的夹角），主动段射程 β_k。导弹在再入段将受到空气阻力的作用，因此这段弹道不是椭圆弹道的一部分，但是由于导弹此时运动速度极快，并且弹道在整个弹道中所占比例非常小，因此可近似将该段弹道看作椭圆弹道的延续。

在已知主动段终点参数的情况下，被动段的射程计算公式可以表示为：

$$\beta_c = \beta_c(V_k, \Theta_k, r_k) \tag{2-13}$$

根据弹道的几何性质，被动段射程和主动段终点参数的关系满足：

$$[2R(1+\tan^2\Theta_k) - \nu_k(R+r_k)]\tan^2\frac{\beta_c}{2} - 2\nu_k R\tan\frac{\beta_c}{2} + \nu_k(R-r_k) = 0 \tag{2-14}$$

式中，$\nu_k = \dfrac{V_k^2 r_k}{\mu}$。若令：

$$\begin{aligned} A &= 2R(1+\tan^2\Theta_k) - \nu_k(R+r_k) \\ B &= 2\nu_k \tan\Theta_k \\ C &= \nu_k(R-r_k) \end{aligned} \tag{2-15}$$

则：

$$A\tan^2\frac{\beta_c}{2} - B\tan\frac{\beta_c}{2} + C = 0 \tag{2-16}$$

可以证明：$A \geqslant 0, C \geqslant 0$，因此上式的解为：

$$\tan\frac{\beta_c}{2} = \frac{B + \sqrt{B^2 - 4AC}}{2A} \tag{2-17}$$

若求得被动段的角射程 β_c，则射程可表示为：

$$L_c = R\beta_c \tag{2-18}$$

利用隐函数求导法则，通过公式（2-14）可以得到射程角的误差系数：

$$\begin{cases} \dfrac{\partial \beta_c}{\partial V_k} = \dfrac{4R\sin^2\dfrac{\beta_c}{2}\tan\dfrac{\beta_c}{2}}{V_k \nu_k \cos^2\Theta_k B} \\[2ex] \dfrac{\partial \beta_c}{\partial r_k} = \dfrac{(\nu_k + \dfrac{2R}{r_k \cos^2\Theta_k}\sin^2\dfrac{\beta_c}{2})\tan\dfrac{\beta_c}{2}}{\nu_k B} \\[2ex] \dfrac{\partial \beta_c}{\partial \Theta_k} = \dfrac{2R(\nu_k - 2\tan\dfrac{\beta_c}{2}\tan\Theta_k)\sin^2\dfrac{\beta_c}{2}}{\nu_k \cos^2\Theta_k B} \end{cases} \tag{2-19}$$

将上式代入公式(2-18)可以得到射程误差系数。为了显示这些误差系数的变化特性,下面计算了误差系数在两种高度下的关系曲线。

1. 射程误差系数与速度的关系

射程误差系数的表达式为:

$$\frac{\partial L_c}{\partial V_k}=R\frac{\partial \beta_c}{\partial V_k} \tag{2-20}$$

导弹距离地面高度分别为 $h_k=80\text{km}$ 和 $h_k=200\text{km}$ 时,不同的 v_k 情况下的射程误差系数如图 2-3 所示。从图中可以看出,射程误差系数对弹道速度很敏感。在 v_k 固定的情况下,射程误差系数同导弹倾角之间存在极大值情况。

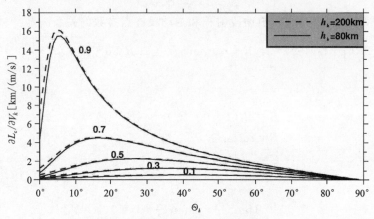

图 2-3 射程误差系数与速度的关系

2. 射程误差系数与位置的关系

射程误差系数的表达式为:

$$\frac{\partial L_c}{\partial r_k}=R\frac{\partial \beta_c}{\partial r_k} \tag{2-21}$$

导弹距离地面高度分别为 $h_k=80\text{km}$ 和 $h_k=200\text{km}$ 时,不同的 v_k 情况下的射程误差系数如图 2-4 所示。从图中我们可以看出,在 v_k 已定的情况下,高度误差可以造成等量级的落点偏差。

3. 射程误差系数与倾角的关系

射程误差系数的表达式为:

$$\frac{\partial L_c}{\partial \Theta_k}=R\frac{\partial \beta_c}{\partial \Theta_k} \tag{2-22}$$

导弹距离地面高度分别为 $h_k=80\text{km}$ 和 $h_k=200\text{km}$ 时,不同的 v_k 情况下的射

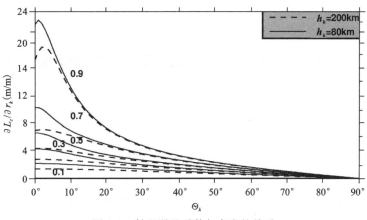

图 2-4 射程误差系数与高度的关系

程误差系数如图 2-5 所示。从图中我们可以看出,在 v_k 已定的情况下,总有一个倾角使射程误差系数为零。

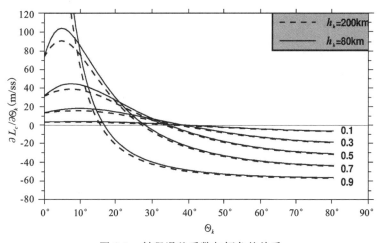

图 2-5 射程误差系数与倾角的关系

第三章 位理论赋值模型

第一节 重力场位模型

地球外部引力位满足 Laplace 方程(Heiskanen,1967),即:
$$\Delta V = 0 \tag{3-1}$$
式(3-1)中,V 是地球外部引力位,Δ 为 Laplace 算子,在直角坐标系中,它的形式为:$\frac{\partial^2}{\partial x^2}+\frac{\partial^2}{\partial y^2}+\frac{\partial^2}{\partial z^2}$。在地心球坐标系中,地球外部引力位 V 的解析表达式为:
$$\Delta V=\frac{\partial V^2}{\partial r^2}+\frac{2}{r}\frac{\partial V}{\partial r}+\frac{1}{r^2}\frac{\partial V^2}{\partial \theta^2}+\frac{\cot\theta}{r^2}\frac{\partial V}{\partial \theta}+\frac{1}{r^2\sin^2\theta}\frac{\partial V^2}{\partial \lambda^2}=0 \tag{3-2}$$
式(3-2)中,r,θ,λ 分别为地球外部一点的地心径向距离、地心余纬和经度。

上述问题的解可以用分离变量方法求出,地球外部引力位可以表示为:
$$V(r,\theta,\lambda)=\frac{GM}{r}\sum_{n=0}^{N_{\max}}\left(\frac{R}{r}\right)^n\sum_{m=0}^{n}\left[\overline{C}_{nm}\cos(m\lambda)+\overline{S}_{nm}\sin(m\lambda)\right]\overline{P}_{nm}(\cos\theta) \tag{3-3}$$
式(3-3)中,GM 为万有引力常数和地球总质量的乘积,$N_{\max}$ 为地球重力场模型截断阶,R 为地球平均半径,n,m 分别为位模型级数表达式的阶和次,$\overline{P}_{nm}$ 为 n 阶 m 次完全正规化的 Legendre 函数,$\overline{C}_{nm}$、$\overline{S}_{nm}$ 为 n 阶 m 次完全正规化的重力场模型位系数,地心余纬是地心纬度的余角。如果已知地球外部任意一点 P 的空间直角坐标 (x,y,z),则这一点的球坐标 (r,θ,λ) 满足如下关系:
$$r=\sqrt{x^2+y^2+z^2} \tag{3-4}$$
$$\cos\theta=\frac{z}{r} \tag{3-5}$$
$$\sin\theta=\sqrt{1-\cos^2\theta}$$
$$\cos\lambda=\frac{x}{\sqrt{x^2+y^2}} \tag{3-6}$$
$$\sin\lambda=\frac{y}{\sqrt{x^2+y^2}}$$

重力场模型位系数的确定为地球重力场模型研制的基本任务之一。目前国内外研究研制出许多重力场模型(夏哲仁等,2003)。卫星重力测量技术也在高速发展(钟波,2010;陈俊勇,2002;宁津生,2002),其相关理论和技术也逐步成熟。若已知地球重力场位模型,则可以计算地球外部空间任一点的地球引力,包括大小和方向,因此可以利用精细的高阶地球重力场模型精化弹道导弹整个运行截断的受力模型,提高其制导精度。

若用地心纬度代替地心余纬,则相应的公式为:

$$V(r,\theta,\lambda) = \frac{GM}{r}\sum_{n=0}^{N_{\max}}\left(\frac{R}{r}\right)^n\sum_{m=0}^{n}\left[\overline{C}_{nm}\cos(m\lambda) + \overline{S}_{nm}\sin(m\lambda)\right]\overline{P}_{nm}(\sin\varphi) \quad (3\text{-}7)$$

式(3-7)中,φ 为地心纬度,其他各符号的意义和式(3-3)中的相同。

地面上任意一点 $P(r,\theta,\lambda)$ 正常位 U 的球谐展开可表示为:

$$U = \frac{GM}{r}\left[1 - \sum_{n=1}^{\infty}J_{2n}\left(\frac{a}{r}\right)^{2n}P_{2n}(\theta)\right] \quad (3\text{-}8)$$

在式(3-8)中,J_{2n} 可以通过现代观测技术精确求出,$P_{2n}(\theta)$ 是勒让德函数,由于选择正常重力场时,是以与地球自转角速度 ω 相等的旋转椭球作为参考正常重力场的,所以经度变量消失。又由于正常重力场与赤道面对称,所以它只有偶数阶带谐项,奇次阶的带谐项大小相等,符号相反,互相抵消。如果假设地球质量等于参考椭球的质量,并使两者的质心重合,扰动位的零阶项和一阶项就会消失。因此,扰动位的球谐表达式为:

$$T = V - U = \frac{GM}{r}\sum_{n=2}^{N_{\max}}\left(\frac{a}{r}\right)^n\sum_{m=0}^{n}\left[\overline{C}_n^{*m}\cos m\lambda + \overline{S}_n^m\sin m\lambda\right]\overline{P}_n^m(\theta) \quad (3\text{-}9)$$

式(3-9)中,$\overline{C}_{2n}^{*m} = \overline{C}_{2n}^m + J_{2n}/\sqrt{2n+1}$。

扰动引力场位是扰动引力场诸场元的泛函,通过扰动引力场位可以计算出需要的扰动引力矢量,地球外部任一点的扰动引力(海斯卡涅,1979)为:

$$\begin{cases}\delta_r = -\dfrac{\partial T}{\partial z} = -\dfrac{\partial T}{\partial r} = \dfrac{GM}{r^2}\sum_{n=2}^{N}(n+1)\left(\dfrac{a}{r}\right)^n\sum_{m=0}^{n}\left[\overline{C}_n^{*m}\cos m\lambda + \overline{S}_n^m\sin m\lambda\right]\overline{P}_n^m(\theta) \\ \delta_\varphi = \dfrac{\partial T}{\partial x} = \dfrac{\partial T}{r\partial\varphi} = -\dfrac{GM}{r^2}\sum_{n=2}^{N}\left(\dfrac{a}{r}\right)^n\sum_{m=0}^{n}\left[\overline{C}_n^{*m}\cos m\lambda + \overline{S}_n^m\sin m\lambda\right]\dfrac{\partial \overline{P}_n^m(\theta)}{\partial\theta} \\ \delta_\lambda = \dfrac{\partial T}{\partial y} = \dfrac{\partial T}{r\cos\varphi\partial\lambda} = -\dfrac{GM}{r^2\sin\theta}\sum_{n=2}^{N}\left(\dfrac{a}{r}\right)^n\sum_{m=0}^{n}\left[\overline{S}_n^m\cos m\lambda - \overline{C}_n^{*m}\sin m\lambda\right]\overline{P}_n^m(\theta)\end{cases}$$

$$(3\text{-}10)$$

式(3-10)中,正常化 Legendre 函数对余纬的一阶导数公式(郭俊义,2000)为:

$$\frac{\sin\theta\partial\overline{P}_n^m(\theta)}{\partial\theta} = n\cos\theta\,\overline{P}_n^m(\theta) - \frac{\sqrt{(2n+1)(n+m)(n-m)}}{\sqrt{2n-1}}\overline{P}_n^{m-1}(\theta) \quad (3\text{-}11)$$

扰动引力分量截断误差(赵东明,2009)用下列公式估计:

$$\sigma_\rho = \sqrt{\sum_{n=N+1}^{+\infty} \left(\frac{n+1}{n-1}\right)^2 \left(\frac{R}{\rho}\right)^{2n+4} C_n} \quad (3\text{-}12)$$

式(3-12)中,R 为地球平均半径,C_n 的计算公式利用 MoritZ 两分量模型和 Lapp 参数:

$$C_n = 3.405 \frac{n-1}{n+1} 0.998\,06^{n+2} + 140.03 \frac{n-1}{(n-2)(n+2)} 0.914\,232^{n+2} \quad (3\text{-}13)$$

其中,$C_2 = 7.5\text{mGal}^2$。计算阶次的上限为 100 000,$R = 6\,371\text{km}$,计算结果如表 3-1 所示。

表 3-1 模型径向截断误差与计算点高度统计(单位:mGal)

高度(km) \ 阶数	36	90	180	360	2 190	2 700
0.2	39.85	37.68	34.40	28.70	4.580	2.75
0.5	38.88	36.67	33.33	27.57	4.04	2.36
1.0	37.40	35.12	31.70	25.85	3.28	1.84
2.0	34.85	32.44	28.86	22.89	2.18	1.13
5.0	29.31	26.59	22.67	16.51	0.66	0.27
10.0	23.69	20.57	16.34	10.33	0.10	0.03
20.0	17.59	14.01	9.66	4.61	0	0
50.0	10.09	6.22	2.81	0.58	0	0
100.0	5.48	2.21	0.50	0.03	0	0
200.0	2.20	0.39	0.02	0	0	0
500.0	0.26	0	0	0	0	0

表 3-1 中的数字表明,径向截断误差与计算点高度有紧密关系,对于地面上的点,由于扰动重力场的精细结构的影响,即便采用目前最高阶次的重力场模型 EGM2008(Pavlis et al,2008)的径向截断误差也是很大的,在 5km 以上的点,2 190 阶次重力场模型的径向截断误差可小于 1mGal;而对于 50km 以上的点,360 阶次重力场模型的截断误差可小于 1mGal;对于 200km 以上的点,低阶的重力场模型的截断误差可小于 2mGal。

扰动引力分量水平方向截断误差用下列公式估计:

$$\sigma_H = \sqrt{\sum_{n=N+1}^{+\infty} \frac{n(n+1)}{(n-1)^2} \left(\frac{R}{\rho}\right)^{2n+4} C_n} \quad (3\text{-}14)$$

式中的参数和公式(3-12)中的相同。通过公式(3-12)和公式(3-14)计算了 3～600 阶次,高度为 1～500km 的重力场模型截断误差分布图如图 3-1 和图 3-2 所示,分别为重力场模型在径向和水平方向上的截断误差与截断阶、高度的关系。从图 3-1 和图 3-2 中可以看出,无论是径向截断误差还是水平方向截断误差,其变化趋势相同,重力场模型的截断误差都随着高度的增加而趋近于 0,模型的阶数和模型的截断误差虽然也有很大关系,但是当模型阶数达到一定阶数后(比如 360 阶),随着模型阶数的提高(比如 600 阶),模型截断误差的减少并不明显。从图中还可以看出,

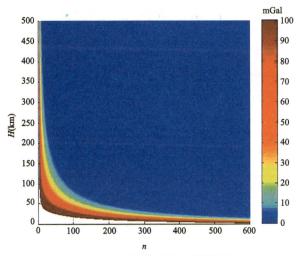

图 3-1 重力场模型径向截断误差

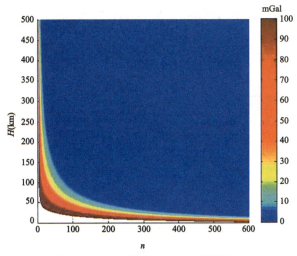

图 3-2 重力场模型水平方向截断误差

在低空区域,低阶重力场模型的截断误差比高阶重力场模型的衰减要慢。

EGM2008 是由 NGA (National Geospatial-Intelligence Agency)建立的全球超高阶地球重力场模型,该模型的阶次为 2 159(另外球谐系数的阶扩展至 2 190,次为 2 159),相当于模型的空间分辨率为 $5'×5'$(~9km)。该模型由 GRACE 卫星跟踪数据、卫星测高数据和地面重力数据等资料联合解算得到,模型精度在 10cm 左右。该模型无论在精度还是在分辨率方面都有很大提高。利用公式(3-10),分别采用不同阶次的 EGM2008 重力模型计算已知的主动段扰动引力矢量,为了和其他模型计算作比较,试验选取的最高阶次为 360 阶次,其计算结果如图 3-3 和图 3-4 所示。图 3-3 中的 A 图是利用 36 阶次重力场模型计算的结果,B

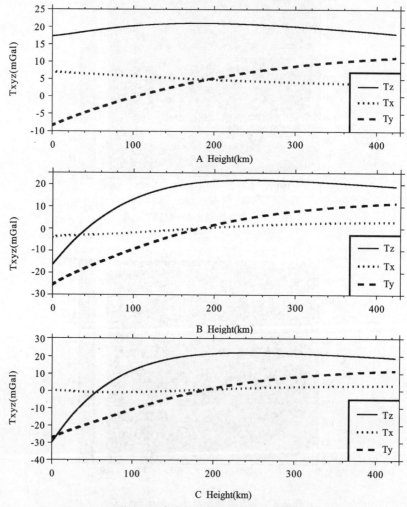

图 3-3　低阶重力场模型计算得到的弹道扰动引力矢量①

图是利用 90 阶次重力场模型计算的扰动引力结果,C 图是利用 120 阶次重力场模型计算的扰动引力结果,从图中可以看出,低阶的扰动引力矢量随高度变化曲线是一条简单的光滑的曲线,这为对扰动重力矢量进行简单的多项式拟合提供了保障。图 3-4 中的 A 图是利用 200 阶次重力场模型计算的扰动引力结果,B 图是利用 360 阶次重力场模型计算的扰动引力结果,图 3-4 中的高阶扰动重力矢量比图 3-3 中低阶扰动重力矢量波动要明显得多,特别是在 100km 以下的区域,高阶扰动重力矢量的变化更为明显。因此进行多项式拟合时需要采用分段拟合。

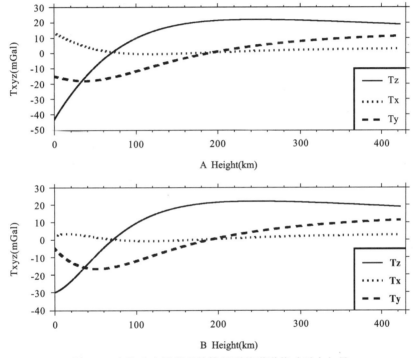

图 3-4 高阶重力场模型计算得到的弹道扰动引力矢量

GGM03C 是由欧洲几个研究机构联合建立并于 2009 年发布的 360 阶次地球重力场模型。该模型和 EGM2008 模型一样,采用 GRACE 卫星数据、卫星测高数

---

① 绘图采用 GMT 软件,不具备汉语输入功能。

据和地面数据联合解算得到。根据公式(3-10),采用不同阶次的 EGM2008 模型和 GGM03C 模型计算已知的主动段扰动引力矢量的差异,计算结果如图 3-5 所示。

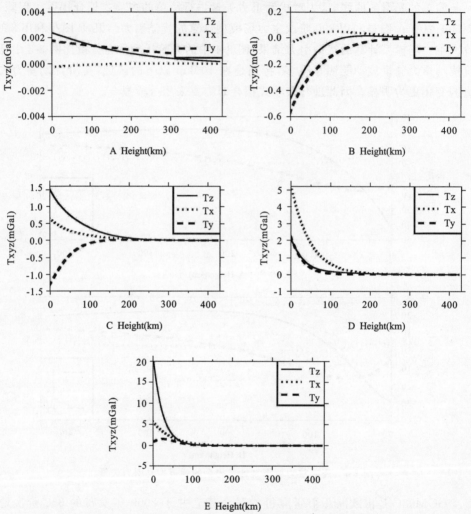

图 3-5　两种不同序列模型计算的弹道扰动引力矢量差异

图 3-5 中 A 图是利用两种模型 36 阶次位系数计算的扰动引力矢量的差异,其数值大小均小于 0.003mGal;B 图是 90 阶次位系数计算的扰动引力矢量,其数值差异小于 0.6mGal;C 图是 120 阶次位系数计算的扰动引力矢量,其数值差异小于 1.5mGal。从图 3-5 中可以看出,中低阶重力场模型计算扰动引力的精度大致相当,其差异小于 2mGal。图 3-5 中 D 图是利用两种模型 200 阶次位系数计算的扰动引力矢量的差异,其数值大小在高于 100km 处小于 2.0mGal;E 图是 360 阶次位

系数计算的扰动引力矢量,其数值差异在 50km 以上小于 5.0mGal。从这两个图中可以看出,在地面附近不同的高阶重力场模型计算的扰动引力矢量是有较大差异的,这说明高阶重力场模型还不能得到完全的保障。

EGM96 地球重力场模型是 NASA/GSFC(美国国家宇航局哥达飞行中心)和 NIMA(美国国家影像制图局)在 1996 年共同完成的高阶次重力场模型(Lemoine et al,1998),利用地面重力数据(主要是重力异常数据)、卫星跟踪数据和卫星测高数据等重力场信息构置而成。EGM96 和 EGM2008 虽然同属于一个重力场模型序列,但是由于完成的年代不同,随着观测技术和重力场理论的不断进步,使得两个模型之间的差异增大。根据公式(3-10),采用不同阶次的 EGM96 模型和 EGM2008 模型计算同样的主动段弹道上扰动引力矢量的差异,计算结果如图 3-6 所示。图 3-6 中 A 图是利用两个模型 36 阶次位系数计算的扰动引力矢量的差异,其数值差异小于 2.0mGal;B 图是 90 阶次位系数计算的扰动引力矢量的差异,其数值差异小于 3.0mGal;C 图和 D 图分别是 120 阶次和 200 阶次位系数计算的扰动引力矢量的差异,其数值差异小于 6.0mGal;E 图是 360 阶次位系数计算的扰动引力矢量的差异,在地面附近的径向扰动引力差异达到 20.0mGal。从图 3-6 中可以看出,尽管两个模型属于同一个序列,但是计算的扰动引力矢量差异比图 3-5 中计算结果大,36 阶次和 90 阶次的 GGM03C 和 EGM2008 模型计算的扰动引力几乎相同,但是 36 阶次和 90 阶次的 EGM2008 和 EGM96 计算的扰动引力差异分别达到了 1.5mGal 和 2.6mGal。

根据引力位和引力之间的关系,地固系下地球外部空间的地球引力 $\vec{f}_{ECEF}$ 可以由引力位按下式计算:

$$\vec{f}_{ECEF} = \begin{pmatrix} \frac{\partial V}{\partial x} \\ \frac{\partial V}{\partial y} \\ \frac{\partial V}{\partial z} \end{pmatrix} \quad (3\text{-}15)$$

式中,V 的表达式见式(3-7)。

根据导数的链式法则有:

$$\vec{f}_{ECEF} = \begin{pmatrix} \frac{\partial V}{\partial x} \\ \frac{\partial V}{\partial y} \\ \frac{\partial V}{\partial z} \end{pmatrix} = \begin{pmatrix} \frac{\partial V}{\partial (r,\varphi,\lambda)} \frac{\partial (r,\varphi,\lambda)}{\partial x} \\ \frac{\partial V}{\partial (r,\varphi,\lambda)} \frac{\partial (r,\varphi,\lambda)}{\partial y} \\ \frac{\partial V}{\partial (r,\varphi,\lambda)} \frac{\partial (r,\varphi,\lambda)}{\partial z} \end{pmatrix} = \frac{\partial V}{\partial (r,\varphi,\lambda)} \frac{\partial (r,\varphi,\lambda)}{\partial (x,y,z)} \quad (3\text{-}16)$$

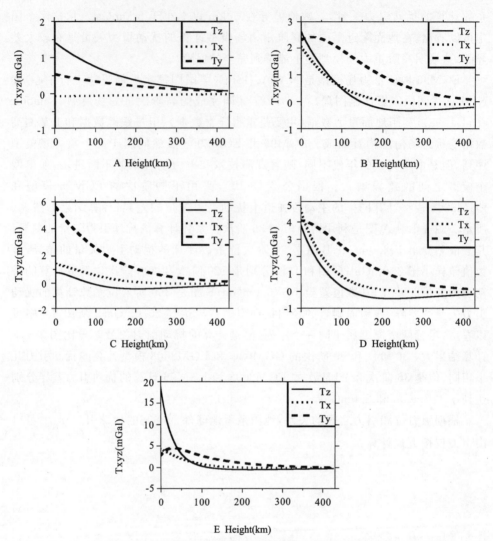

图 3-6 两种同序列模型计算的弹道扰动引力矢量差异

为了计算上式中球坐标系和笛卡尔坐标系的转换矩阵,利用下列关系:

$$\begin{pmatrix} x \\ y \\ z \end{pmatrix} = \begin{pmatrix} r\cos\varphi\cos\lambda \\ r\cos\varphi\sin\lambda \\ r\sin\varphi \end{pmatrix}, \begin{pmatrix} r \\ \varphi \\ \lambda \end{pmatrix} = \begin{pmatrix} \sqrt{x^2+y^2+z^2} \\ \sin^{-1}\dfrac{z}{r} \\ \tan^{-1}\dfrac{y}{x} \end{pmatrix} \quad (3\text{-}17)$$

从而有:

$$J \triangleq \frac{\partial(r,\varphi,\lambda)}{\partial(x,y,z)} = \begin{pmatrix} \cos\varphi\cos\lambda & \cos\varphi\sin\lambda & \sin\varphi \\ -\frac{1}{r}\sin\varphi\cos\lambda & -\frac{1}{r}\sin\varphi\sin\lambda & \frac{1}{r}\cos\varphi \\ -\frac{\sin\lambda}{r\cos\varphi} & \frac{\cos\lambda}{r\cos\varphi} & 0 \end{pmatrix} \quad (3\text{-}18)$$

有地心球坐标系到地心直角坐标系的关系为：

$$\begin{pmatrix} V_X \\ V_Y \\ V_Z \end{pmatrix} = J \begin{pmatrix} V_\rho \\ V_\varphi \\ V_\lambda \end{pmatrix} \quad (3\text{-}19)$$

第二节 勒让德函数的递推计算方法

由计算公式(3-10)可知，地球外部引力计算涉及到缔合勒让德函数（Associated Legendre Functions，ALFs）（Rizos，1979；彭富清等，2004；Jekeli，2007）及其一阶导的计算。该项计算是由地球重力场模型计算地球外部空间任一点地球引力中计算工作量最大的部分，因此 ALFs 函数的快速计算是实现地球外部引力场快速赋值的关键所在。ALFs 的计算有直接法和递推法，由于直接法的速度和稳定性都远不如递推法，因此在实际应用中常用递推法计算 ALFs。递推法计算 ALFs 的方法有多种，以下介绍几种递推算法。

一、标准向前列递推

ALFs 函数满足下列基本关系式，该关系式也是 ALFs 快速算法的推导基础，称为标准向前列递推计算（吴星等，2004，2006；Holmes et al，2002）。根据 ALFs 函数的定义可以导出其满足的递推关系式：

$$\begin{cases} \overline{P}_{00}(\sin\varphi) \\ \overline{P}_{11}(\sin\varphi) = \sqrt{3}\cos\varphi \\ \overline{P}_{nn}(\sin\varphi) = \sqrt{\frac{2n+1}{2n}}\cos\varphi\,\overline{P}_{n-1,n-1}(\sin\varphi),(n\geqslant 2) \\ \overline{P}_{n,n-1}(\sin\varphi) = \sqrt{2n+1}\sin\varphi\,\overline{P}_{n-1,n-1}(\sin\varphi),(n\geqslant 1) \\ \overline{P}_{nm}(\sin\varphi) = \alpha_{nm}\sin\varphi\,\overline{P}_{n-1,m}(\sin\varphi) \\ \qquad -\gamma_{nm}\overline{P}_{n-2,m}(\sin\varphi),(0\leqslant m\leqslant n-2, n\geqslant 2) \end{cases} \quad (3\text{-}20)$$

式中，

$$\begin{cases} \alpha_{nm}=\sqrt{\dfrac{(2n-1)(2n+1)}{(n-m)(n+m)}} \\ \gamma_{nm}=\sqrt{\dfrac{(2n+1)(n+m-1)(n-m-1)}{(2n-3)(n-m)(n+m)}} \end{cases} \quad (3\text{-}21)$$

相应地，勒让德函数的一阶导数满足下列递推关系：

$$\frac{\mathrm{d}\overline{P}_{nm}(\sin\varphi)}{\mathrm{d}\varphi}=\beta(m)\overline{P}_{n(m+1)}(\sin\varphi)-m\tan\varphi\overline{P}_{nm}(\sin\varphi) \quad (3\text{-}22)$$

式中，$\beta(m)=\left[\dfrac{1}{2}(2-\delta)(n-m)(n+m+1)\right]^{1/2}$，$\delta$ 为 Kronecker 符号，$\delta=\begin{cases}1 & m=0 \\ 0 & m\neq 0\end{cases}$。上式计算有逻辑判断，不方便使用，比较适用的公式为：

$$\frac{\mathrm{d}\overline{P}_{nm}(\sin\varphi)}{\mathrm{d}\varphi}=n\sin\varphi\,\overline{P}_{nm}(\sin\varphi)-\frac{\sqrt{2n+1}}{\sqrt{2n-1}}\sqrt{n+m}\sqrt{n-m}\,\overline{P}_{n-1,m}(\sin\varphi) \quad (3\text{-}23)$$

更多的缔合勒让德函数及其导数计算公式可参考相关文献(Koop et al,1989；罗志才,1996)。显然，当重力场模型的截断阶为 $N_{\max}$ 时，需要计算的 ALFs 函数个数为 $(N_{\max}+1)^2$ 个，该关系式表明重力场模型截断阶会以平方关系影响 ALFs 的数目。因此，随着重力模型截断阶的升高，从 ALFs 的计算数目上讲工作量以平方关系增加。为了快速完成这一部分的计算，我们逐步给出同时满足计算稳定和高效计算的实用公式。在讨论 ALFs 一阶导数的计算时，存在类似的问题。因此下面集中讨论 ALFs 的数值计算问题，其处理方法可以直接用到 ALFs 一阶导数的计算中。

从递推公式(3-20)可知，以 $\overline{P}_{00}(\sin\varphi)$ 和 $\overline{P}_{11}(\sin\varphi)$ 为起始值计算 ALFs 中的田谐项($n=m$ 的 ALFs)。注意到 $P_{m-1,m}=0$，因此尽管递推式中出现的项 $\overline{P}_{m-1,m}(\sin\varphi)$ 并不存在，故 $\overline{P}_{m+1,m}(\sin\varphi)$ 可以由 $\overline{P}_{nm}(\sin\varphi)$ 导出。由 $\overline{P}_{nm}(\sin\varphi)$ 和 $\overline{P}_{m+1,m}(\sin\varphi)$ 作为递推的种子可以完成次为 m 的所有 ALFs 的计算。归纳起来就是图3-7所示的逐列计算流程。

二、标准向前行递推

标准向前行递推算法(Holmes et al,2002；吴星等,2006)公式 $\overline{P}_{nm}(\theta)$ 的计算也采用公式(3-20)，其他项计算公式如下：

$$\overline{P}_{nm}(\theta)=\frac{1}{\sqrt{j}}\left[g_{nm}\frac{t}{u}\overline{P}_{n,m+1}(\varphi)-h_{nm}\overline{P}_{n,m+2}(\varphi)\right],\forall n>m \quad (3\text{-}24)$$

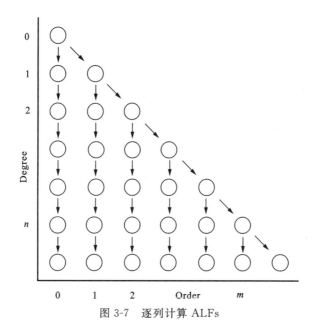

图 3-7 逐列计算 ALFs

式中,$g_{nm} = \dfrac{2(m+1)}{\sqrt{(n+m+1)(n-m)}}$,$h_{nm} = \dfrac{\sqrt{(n+m+2)(n-m-1)}}{\sqrt{(n+m+1)(n-m)}}$,$\begin{cases} j=2, (m=0) \\ j=1, (m>0) \end{cases}$。递推过程如图 3-8 所示。

两种递推格式的共同点是由 $\overline{P}_{00}(\sin\varphi)$ 和 $\overline{P}_{11}(\sin\varphi)$ 作整个递推计算的种子计算出所有的田谐项,然后在此基础上计算所有其他的 ALFs。根据田谐项之间满足的递推关系可以直接给出田谐项的计算公式。以列递推格式为例则有:

$$\overline{P}_{mm}(\sin\varphi) = \sqrt{3}\cos^m\varphi \prod_{i=2}^{m}\sqrt{\dfrac{2i+1}{2i}}, (\forall m \geqslant 1) \tag{3-25}$$

当采用 IEEE 标准存储双精度数时,可以存储的实数范围在 $-10^{-307} \sim 10^{307}$ 之间。当正实数超过该范围时会出现"NaN:Not a Number"型错误,数值程序无法完成后续计算。当负实数超过该范围时,程序出现"下溢"型错误。此时计算程序的处理和用户的设置有关。比如,程序可以将该实数当零看待,参与后续的计算。若如此,则等价于部分重力场模型系数被屏蔽掉,没有参与计算。

从图 3-9 可以看出,式(3-25)中 $\prod_{i=2}^{m}\sqrt{\dfrac{2i+1}{2i}}(\forall m \geqslant 1)$ 的变化范围合理,直到 2 160 阶时,连乘的结果也保持在合理范围。由于现有的最高阶重力场模型也只能达到这个分辨率,且在低轨飞行器的地球引力计算中不会用到这么高的阶次(后文

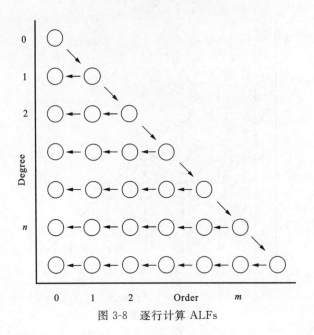

图 3-8 逐行计算 ALFs

会详细阐述这个问题),因此 $\prod_{i=2}^{m}\sqrt{\frac{2i+1}{2i}}(\forall m \geqslant 1)$ 在双精度计算中可以满足任务的精度要求。现在的问题是,当飞行器靠近两极地区时,$\cos\varphi \to 0$,因此 $\cos^m\varphi$ 的计算在次 m 超过一定的值时会出现下溢。无论采用前已述及的逐列计算格式还是逐行计算格式都不能有效回避这个问题(王建强等,2009)。为此还需要对上述递推公式进行一定的改化,在保证效率的同时提高计算的稳定性。

为了解决这个问题,可以将上述递推公式修改为 $\overline{P}_{nm}(\sin\varphi)/\cos^m\varphi$ 的递推公式(Holmes et al,2002),因此式(3-20)中 $\overline{P}_{nm}(\sin\varphi)$ 的递推公式变为:

$$\frac{\overline{P}_{nm}(\sin\varphi)}{\cos^m\varphi}=\alpha_{nm}\sin\varphi\frac{\overline{P}_{n-1,m}(\sin\varphi)}{\cos^m\varphi}-\gamma_{nm}\frac{\overline{P}_{n-2,m}(\sin\varphi)}{\cos^m\varphi},(0\leqslant m\leqslant n-2,n\geqslant 2) \tag{3-26}$$

从递推公式中可以发现,计算 $\overline{P}_{nm}(\sin\varphi)$ 时需要用到 $\overline{P}_{n-1,m}(\sin\varphi)$ 和 $\overline{P}_{n-2,m}(\sin\varphi)$,它们的次相同。因此,用于平滑的项并不一定要选择 $\cos^m\varphi$,只要这个平滑项只与次有关,且能保证 $\overline{P}_{nm}(\sin\varphi)$ 递推公式的数值稳定性即可。显然,采用 $\overline{P}_{mm}(\sin\varphi)$ 作平滑项也是一种选择:

$$\frac{\overline{P}_{nm}(\sin\varphi)}{\overline{P}_{mm}(\sin\varphi)}=\alpha_{nm}\sin\varphi\frac{\overline{P}_{n-1,m}(\sin\varphi)}{\overline{P}_{mm}(\sin\varphi)}-\gamma_{nm}\frac{\overline{P}_{n-2,m}(\sin\varphi)}{\overline{P}_{mm}(\sin\varphi)} \tag{3-27}$$

其中 $0\leqslant m\leqslant n-2,n\geqslant 2$,递推公式(3-27)将在 Clenshaw 递推求和中用到。

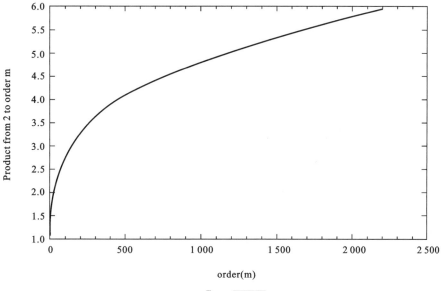

图 3-9 田谐项递推公式中 $\prod_{i=2}^{m}\sqrt{\frac{2i+1}{2i}}(\forall m \geqslant 1)$ 的变化趋势

三、Belikov 递推

Belikov 递推法(王建强等,2009;Belikov,1991)采用了新的非正常化的球谐函数：

$$\widetilde{P}_{nm}(\theta)=\frac{2^{m}n!}{(n+m)!}P_{nm}(\theta) \tag{3-28}$$

式(3-28)中，$P_{nm}(\theta)$ 为连带勒让德函数。$\widetilde{P}_{nm}(\theta)$ 递推公式为：

$$\begin{cases} \widetilde{P}_{n0}(\theta)=t\,\widetilde{P}_{n-1,0}(\theta)-0.5u\,\widetilde{P}_{n-1,1}(\theta),(m=0) \\ \widetilde{P}_{nm}(\theta)=t\,\widetilde{P}_{n-1,m}(\theta)-u[0.25\,\widetilde{P}_{n-1,m+1}(\theta)-\widetilde{P}_{n-1,m-1}(\theta)],(m>0) \end{cases} \tag{3-29}$$

公式(3-29)的计算过程如图 3-10 所示。由于在物理大地测量领域常用的是完全正常化勒让德函数和相应的正常化位系数，因此应用时还需将 $\widetilde{P}_{nm}(\theta)$ 转换为 $\overline{P}_{nm}(\theta)$。递推计算公式为：

$$\overline{P}_{nm}(\theta)=\sqrt{2n+1}\,\overline{N}_{nm}\widetilde{P}_{nm}(\theta) \tag{3-30}$$

$$\begin{cases} \overline{N}_{nm} = \sqrt{1-\dfrac{m^2}{n^2}}\,\overline{N}_{n-1,m},(n\geqslant 2,n-1>m\geqslant 0) \\ \overline{N}_{nn} = \sqrt{1-\dfrac{m^2}{n^2}}\,\overline{N}_{n-1,n-1},(n\geqslant 2) \\ \overline{N}_{0,0}=\overline{N}_{1,0}=\overline{N}_{1,1}=1 \end{cases} \quad (3\text{-}31)$$

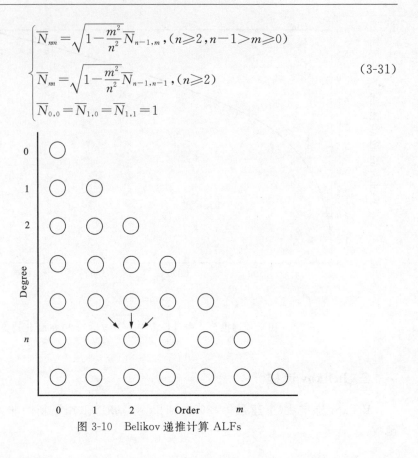

图 3-10 Belikov 递推计算 ALFs

四、跨阶次递推

跨阶次递推法（张传定等，2004）的计算公式：

$$\overline{P}_{nm}(\theta)=\alpha_{nm}\overline{P}_{n-2,m}(\theta)+\beta_{nm}\overline{P}_{n-2,m-2}(\theta)-\gamma_{nm}\overline{P}_{n,m-2}(\theta),(\forall n>m) \quad (3\text{-}32)$$

其中 $\alpha_{nm}=\sqrt{\dfrac{(2n+1)(n-m)(n-m-1)}{(2n-3)(n+m)(n+m-1)}}$，$\beta_{nm}=\sqrt{k}\sqrt{\dfrac{(2n+1)(n-m)(n+m-3)}{(2n-3)(n+m)(n+m-1)}}$，

$\gamma_{nm}=\sqrt{k}\sqrt{\dfrac{(n-m+1)(n-m+2)}{(n+m)(n+m-1)}}$，$\begin{cases} k=2,m=2 \\ k=1,m>2 \end{cases}$。递推示意图如图 3-11 所示，跨阶次递推仍然需要借助标准向前列递推计算一些缔合勒让德函数值。跨阶次递推系数较小，当 $m>2$ 时，3 个递推系数均小于 1，计算方法稳定性也较强（吴星等，2006；王建强等，2009）。

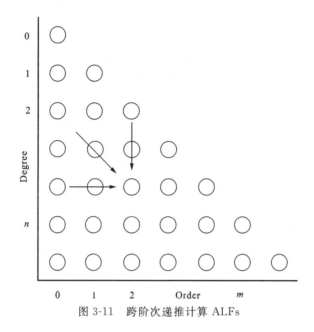

图 3-11　跨阶次递推计算 ALFs

第三节　Clenshaw 递推求和

Clenshaw 方法(Clenshaw,1955)最先是在 Chebyshev 多项式求和中提出来的,后来被应用到大地测量中用于勒让德多项式求和(Bone,2004;管泽霖等,1986;Tscherning et al,1982)。它有几种衍生形式,这里主要介绍所谓的第二类 Clenshaw 求和公式。

令级数和:

$$S = S_m^N = \sum_{n=m}^{N} y_n \overline{P}_{nm}(\theta) = YP(\theta) \tag{3-33}$$

式(3-33)中,y_n 为输入参数,$P(\theta) = [\overline{P}_m^m(\theta), \overline{P}_{m+1}^m(\theta), \cdots, \overline{P}_N^m(\theta)]^T$,$Y = (y_m, y_{m+1}, \cdots, y_N)$。由公式(3-20)可列出方程组:

$$AP(\theta) = P_0(\theta) \tag{3-34}$$

式(3-34)中,

$$\boldsymbol{A} = \begin{Bmatrix} 1 & 0 & 0 & \cdots & \cdots & \cdots & 0 \\ a_{m+1} & 1 & 0 & \cdots & \cdots & \cdots & 0 \\ b_{m+2} & a_{m+2} & 1 & \cdots & \cdots & \cdots & 0 \\ \vdots & \vdots & \vdots & \bullet & \bullet & \bullet & \vdots \\ 0 & 0 & 0 & \bullet & b_N & a_N & 1 \end{Bmatrix}, P_0(\theta) = \begin{Bmatrix} \overline{P}_m^m(\theta) \\ 0 \\ 0 \\ \vdots \\ 0 \end{Bmatrix}$$

则多项式 S 可以表示为：

$$S=S_m^N=YP(\theta)=YA^{-1}P_0(\theta)=P_0^T(A^T)^{-1}Y^T \tag{3-35}$$

A^T 是一个上三角矩阵，$(A^T)^{-1}Y^T$ 的计算可以按上三角矩阵求解方程组方法计算，令 $s=(s_m,s_{m+1},\cdots,s_N)^T=(A^T)^{-1}Y^T$，$s_{N+1}=s_{N+2}=0$，则

$$s_n=y_n-a_{n+1}s_{n+1}-b_{n+2}s_{n+2} \tag{3-36}$$

由公式(3-36)递推计算 $n=m$ 为止，计算扰动位时，$y_n=\left(\dfrac{a}{r}\right)^n \overline{C}_n^{*m}$ 和 $y_n=\left(\dfrac{a}{r}\right)^n \overline{S}_n^m$ 分别作为计算 $\cos(m\lambda)$ 和 $\sin(m\lambda)$ 的输入参数。由公式(3-34)和公式(3-35)，可得：

$$S=S_m^N=\overline{P}_m^m(\theta)s_m \tag{3-37}$$

通过公式(3-33)～公式(3-37)可以看出，Clenshaw 求和是利用递推关系将所有的 $\overline{P}_n^m(\theta)$ 用 $\overline{P}_m^m(\theta)$ 来表示，在递推时不仅单纯地递推缔合勒让德函数，而且直接递推级数和，由最高阶开始递推到最低阶。

Clenshaw 求和计算缔合勒让德函数过程示意图如图 3-12 所示，它是从最高阶起算，直到阶次相等，然后再把这些级数相加获得。

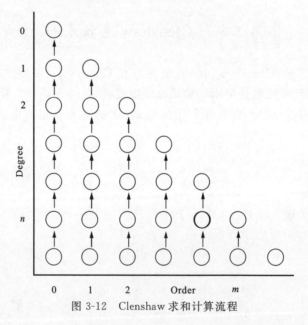

图 3-12 Clenshaw 求和计算流程

当阶数较大时，Clenshaw 级数和会超出计算机的存储范围，因此将 $y_N=1$ 作为递推计算的初始值是不合适的。本书以 8 字节的浮点数计算，令 $\mathrm{Lg}=\lg|s_m|$，取最高阶为 $N=1\,500$，分别计算了次数 $m=60$ 和 $m=360$ 的对数函数值 Lg，如图

3-13所示,当 Lg 大于 310 时,计算机就会溢出,从图中可以看出,如果初始值 $y_N=1$,随着缔合勒让德函数阶数和次数的变化,s_m 的递推计算会超出计算机的存储范围,因此,应用 Clenshaw 求和计算需要对级数和进行变换,先乘以一个较小的乘常数,计算完级数和后再去掉这个乘常数。利用 Clenshaw 求和计算扰动引力的表达式将在后面进行分析。

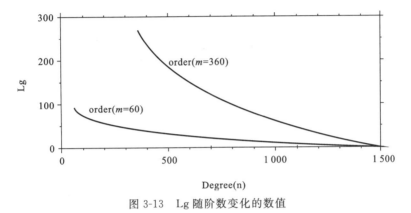

图 3-13 Lg 随阶数变化的数值

第四节 函数模型的计算速度

由于弹道导弹对赋值模型的计算速度有严格要求,因此有必要研究提高快速赋值模型的方法。重力场位模型的计算速度主要取决于缔合勒让德函数的计算和三角函数的计算。

一、勒让德函数的计算速度

为了检验缔合勒让德函数的计算速度,试验需要在不同的计算环境下进行,因此在 4 台不同的机器上做了试验。计算缔合勒让德函数的计算机环境如表 3-2 所示,4 台机器为两类编译环境,物理环境为 3 种,有 2 台的物理环境是相同的。

表 3-2 递推计算 ALFs 环境

计算机	CPU 主频	物理内存	编译环境
1	1.67GHz	512MB	CFortran
2	3.00GHz	1GB	CFortran
3	3.00GHz	1GB	GFortran
4	2.60GHz	4GB	GFortran

递推计算缔合勒让德函数方法采用标准向前行递推(SFR)算法、标准向前列递推(SFC)算法和跨阶次递推(COF)算法。从递推计算公式中,可以发现,计算缔合勒让德函数需要多次计算求根函数等重复计算,因此计算中,需要对计算程序优化。试验中发现,优化前后的计算速度可以相差 2 倍以上。通过在不同的机器上试验得到的统计结果如图 3-14~图 3-17 所示。图 3-14 中,递推计算缔合勒让德函数是在计算机 1 的环境下运行的。标准向前行递推法的计算速度是 3 种方法中最慢的,计算 360 阶次缔合勒让德函数需要时间 2.7ms;标准向前列递推算法计算 360 阶次缔合勒让德函数需要时间 2.6ms;跨阶次递推算法的递推系数与坐标无关,计算前,存储了所有的递推系数,因此,增加了数据存储量,计算 360 阶次缔合勒让德函数需要时间 2.5ms,计算速度最快。3 种方法递推计算速度没有太大差别。

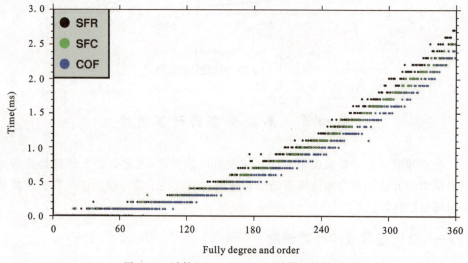

图 3-14　计算机 1 上的 ALFs 计算时间统计

图 3-15 中,递推计算缔合勒让德函数是在计算机 2 的环境下运行的,同计算机 1 相比,运行的软件环境相同,物理环境优越。递推计算 360 阶次 ALFs 所需要的时间分别为:标准向前行递推为 1.8ms,标准向前列递推为 1.9ms,跨阶次递推为 1.6ms。跨阶次递推计算速度最快。标准向前列递推速度比标准向前行递推慢,出现这种情况的原因是由于不同的机器下运算数据类型不同而运行速度不同造成的。

图 3-16 中,递推计算缔合勒让德函数是在计算机 3 的环境下运行的,同计算机 2 相比,运行的物理环境相同,软件环境不同。递推计算 360 阶次缔合勒让德函数所需要的时间分别为:标准向前行递推为 1.8ms,标准向前列递推为 1.4ms,跨

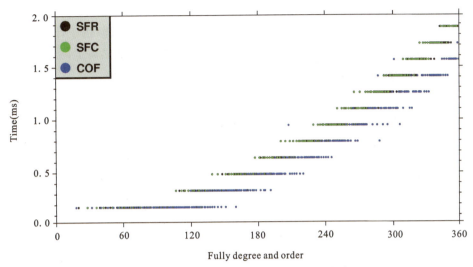

图 3-15 计算机 2 上的 ALFs 计算时间统计

阶次递推为 0.9ms。跨阶次递推计算速度显示出优越性。由于计算机 3 和计算机 2 的物理环境相同，但是递推计算缔合勒让德函数的速度却不同，尤其体现在跨阶次递推计算上，说明递推计算速度与软件环境也有很大关系。

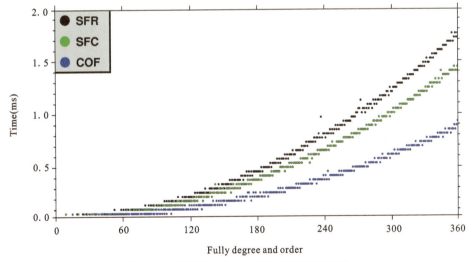

图 3-16 计算机 3 上的 ALFs 计算时间统计

图 3-17 中，递推计算 ALFs 是在计算机 4 的环境下运行的，同计算机 3 相比，运行的软件环境相同，硬件环境内存增加，CPU 主频稍差。递推计算 360 阶次 ALFs 所需要的时间分别为：标准向前行递推为 1.3ms，标准向前列递推为 0.5ms，

跨阶次递推为 0.3ms。标准向前列递推和跨阶次递推计算速度分别是标准向前行递推的 2.6 倍和 4.3 倍。计算机 4 和计算机 3 的软件环境相同,由于计算机 4 的物理硬件相对较好,递推计算缔合勒让德函数的 3 种方法速度提高了,分别是计算机 3 递推速度的 1.4 倍、2.8 倍和 3 倍。

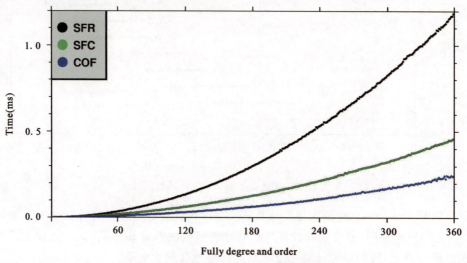

图 3-17　计算机 4 上的 ALFs 计算时间统计

二、三角函数的计算速度

地心经度 λ 的三角函数中 $\cos(0)=1$, $\sin(0)=0$,利用三角函数的两角和公式可以得到 $\cos(m\lambda)$、$\sin(m\lambda)$[$(m=2,3,\cdots,N_{\max})$]的递推计算:

$$\cos(m\lambda)=\cos[(m-1)\lambda]\cos\lambda-\sin[(m-1)\lambda]\sin\lambda$$
$$\sin(m\lambda)=\sin[(m-1)\lambda]\cos\lambda+\cos[(m-1)\lambda]\sin\lambda$$

(3-38)

利用球函数计算重力场元中,三角函数的递推计算比直接调用函数计算要快得多。对 $\cos(m\lambda)$、$\sin(m\lambda)$,在同一台计算机上计算了 $m=(1,2,\cdots,10)\times 10^6$ 的运行时间,统计结果如图 3-18 所示。图中实线是直接调用的计算时间,虚线是采用公式(3-38)的计算时间,从图中可以看出,采用公式(3-38)的计算速度比直接调用函数的计算速度快一个数量级。

第五节　勒让德函数的稳定性

对于超高阶次缔合勒让德函数的计算,算法必须满足一定的稳定性要求才能保证数值计算的准确性。因此,缔合勒让德函数的精度检验是有必要的,$\overline{P}_{nm}(\theta)$ 的

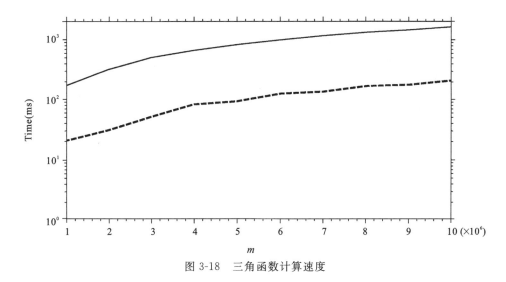

图 3-18 三角函数计算速度

计算精度检验公式(Colombo,1981;Holmes et al,2002):

$$Tn = \frac{1}{2n+1} \mid \sum_{m=0}^{n} [\overline{P}_{nm}(\theta)]^2 - (2n+1) \mid \quad (3-39)$$

一般要求检验值要小于10^{-9},越往两极,缔合勒让德级数越发散,计算的稳定性就越差,由 4 种计算方法通过公式(3-39)得到的计算结果如图 3-19、图 3-20 所示。图 3-19 和图 3-20 是选取的两个代表计算结果。当 $t=0.1$ 时,4 种方法的精度都可以满足要求,其中跨阶次递推算法的检验值的最大值小于10^{-14},高于其他 3 种方法(检验值的最大值接近10^{-13})一个数量级;当 $t=0.9$ 时,标准向前行递推法在 $n=867$ 时已经不稳定了,标准向前列递推法在 1 900 阶内可以满足要求,超过 1 900 阶之后误差迅速增加。Belikov 递推法和跨阶次递推法在 3 060 阶甚至更高可以满足模型的需要,跨阶次递推法的计算精度要高于 Belikov 递推法一个数量级。当 $t=0.1$、0.9 时,跨阶次递推算法的检验值变化最小,稳定性较强。在靠近两极地区,由于计算机的存储数据精度是有限的,当次数达到一定值后,缔合勒让德函数值迅速变小,越来越接近 0,有效数字得不到保障,甚至超出计算机存储范围,计算机便会溢出,因此对于计算方法的稳定性要求越来越高,计算误差的传递必须控制在更小的范围内。

综合前面的分析与比较可以得出结论,各种递推方法的计算精度随着 t 的增大而减小,当 t 较小时,4 种方法的计算精度都比较高,其中以跨阶次递推法计算精度最高;当 t 较大时,标准向前行推法和标准向前列推法的计算精度明显下降,Belikov 列递推法和跨阶次方法的递推精度较高。实用计算时建议使用跨阶次递推计算。

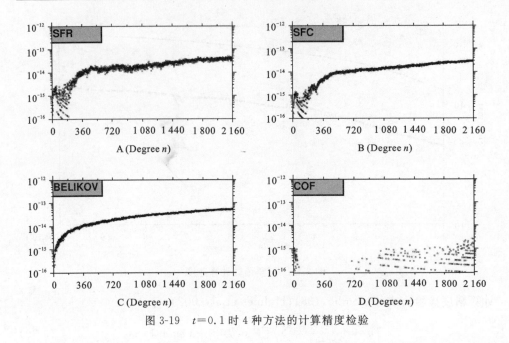

图 3-19　$t=0.1$ 时 4 种方法的计算精度检验

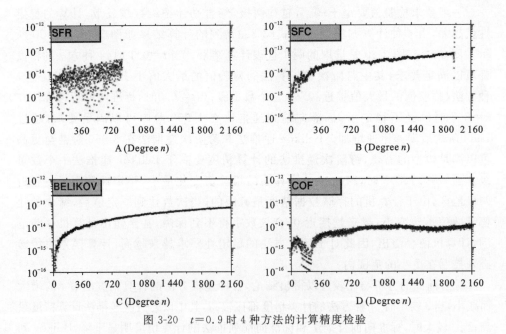

图 3-20　$t=0.9$ 时 4 种方法的计算精度检验

对于 Clenshaw 求和算法,为保证数据的存储精度及计算机不会溢出,将初始值设为 $y_N = 10^{-280}$,通过检验公式(3-39)计算最高阶数为 $N=1\,500$ 和 $N=2\,000$ 的结果如图 3-21 和图 3-22 所示,图中虚线是标准向前列递推法的数值检验结果,实线为 Clenshaw 求和法的数值检验结果。从图中可以看出,标准向前列递推算法和 Clenshaw 求和算法的稳定性相差不大,在余纬 90°一个较小区域内,标准向前列递推算法的稳定性比 Clenshaw 求和算法强,当阶数较大(例如大于 2 000 阶次)时,两种方法的稳定性在靠近两极地区得不到保证。

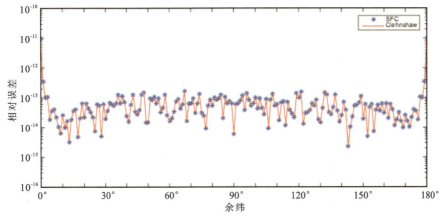

图 3-21 1 500 阶次完全正规化缔合勒让德函数数值精度检验

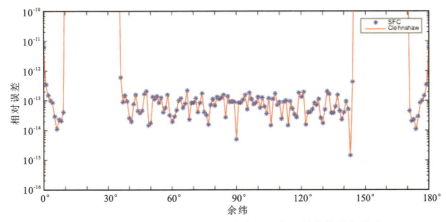

图 3-22 2 000 阶次完全正规化缔合勒让德函数数值精度检验

第四章 球函数坐标变换法

球谐函数计算重力场元,递推计算次数过多,仅 360 阶次的缔合勒让德函数计算就多达 200 多万次混合运算,这严重影响了计算速度,尤其是高阶球谐函数的计算,因此有必要寻找一种能快速计算重力场元的方法。弹道在空间中是一条曲线,球谐函数进行换极变换(许厚泽等,1964)后可以获得一新球谐函数模型,该模型利用弹道的特殊性简化计算,并且可以有效提高重力场元的计算速度。

第一节 极点的选取

在惯性空间中,弹道是一个近似椭圆面轨道(程国采,1987;贾沛然等,1993,1980),我们选取新的极点是为了减少计算扰动引力的计算次数。新的极点的选取有两种方法,一种是将极点选择在导弹的发射点或者落点(赵东明,2009;谢愈等,2011;郑伟等,2011),此时的导弹沿着新球坐标系下的子午线飞行(王建强等,2013),此时的弹道坐标的经度是一个固定值;另一种方法是将导弹的动量距 $\vec{h}$ 与不动外壳的交点 $P_0(\theta_0,\lambda_0)$ 作为新极点(任萱,1985;郑伟,2006;王昱,2002),在不动外壳上,以新极点 P_0 和北极点 N 构成的子午线作为初始子午线,弹道的新余纬 $\psi \equiv 90°$。新极坐标示意图如图 4-1 所示,在地心球坐标系 $Q(\rho,\theta,\lambda)$ 中,极点位于北极点 N。$P_0(\theta_0,\lambda_0)$ 为新极点,任何一点在新的球坐标系下的坐标为 $Q(\rho,\psi,\sigma)$,ρ 为地心距,ψ 为 Q 点到新极点 P_0 的极距,α 为 Q 点相对于新极点 P_0 的方位角,同新坐标系下的经度 σ 是互补关系。新模型的参数为:ρ(地心距),ψ(余纬),σ(经度)。

将地心坐标 (θ,λ) 转化为新极坐标系的地心坐标 (ψ,σ)。根据球面三角公式,如图 4-1 所示,任意一点 Q 在北极坐标系下的球面地心坐标为 (θ,λ),这里 θ 为余纬,则 Q 点在新极点 $P_0(\theta_0,\lambda_0)$ 的球面地心坐标计算公式(海斯卡涅,1979;孔祥元等,2001)为:

$$\psi = \arccos[\cos\theta_0\cos\theta + \sin\theta_0\sin\theta\cos(\lambda_0-\lambda)]$$
$$\alpha = \arctan\left[\frac{\sin\theta\sin(\lambda_0-\lambda)}{\sin\theta_0\cos\theta - \cos\theta_0\sin\theta\cos(\lambda_0-\lambda)}\right] \qquad (4-1)$$

或者:

$$\alpha = \arcsin\left[\frac{\sin\theta\sin(\lambda-\lambda_0)}{\sin\psi}\right]$$

$$\alpha = \arccos\left[\frac{\sin\theta_0\cos\theta - \cos\theta_0\sin\theta\cos(\lambda_0-\lambda)}{\sin\psi}\right] \quad (4\text{-}2)$$

式中,θ_0,λ_0 分别为新极点 P 在极坐标系下的地心余纬和经度。当得到 α 角后,可得新坐标系下的经度为:

$$\sigma = \pi - \alpha \quad (4\text{-}3)$$

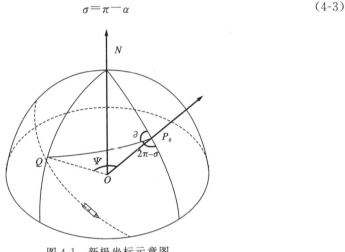

图 4-1 新极坐标示意图

以上是按照球面三角函数关系求得的新坐标系下的球坐标。以下是空间坐标系下的转换关系式求解过程:

(1)假设旧坐标系为 $OXYZ$,新坐标系为 $OX'Y'Z'$,两个坐标系的原点重合。新坐标系的 Z' 方向即为旧坐标系中的 OP_0 方向,坐标向量为 $\boldsymbol{P}_0(\boldsymbol{X}_0,\boldsymbol{Y}_0,\boldsymbol{Z}_0)$。

(2)由新极坐标系的定义可知,新坐标系的 X' 轴和 Z' 轴处于旧球坐标系中的同一子午圈上,两轴互相垂直。则 X' 轴在旧坐标中的方向为 $\left(\rho,\theta_0+\frac{\pi}{2},\lambda_0\right)$,$\theta_0 \leqslant \frac{\pi}{2}$ 或者 $\left(\rho,\frac{3\pi}{2}-\theta_0,\lambda_0+\pi\right)$,$\theta_0 > \frac{\pi}{2}$,相应的空间坐标向量为 $(X_{X'},Y_{X'},Z_{X'})$。

(3)已知 Z' 轴和 X' 轴的向量,且新坐标系满足右手定律,则可以通过向量外积得到 Y' 轴的向量:

$$\begin{cases} X_{Y'} = Y_0 Z_{X'} - Z_0 Y_{X'} \\ Y_{Y'} = Z_0 X_{X'} - X_0 Z_{X'} \\ Z_{Y'} = X_0 Y_{X'} - Y_0 X_{X'} \end{cases} \quad (4\text{-}4)$$

(4)通过向量的内积定律可分别求出 X' 轴与旧坐标系 X 轴、Y 轴和 Z 轴的正

向夹角余玄弦。假设夹角分别为 $\alpha_1, \beta_1, \gamma_1$,则各角余弦为:

$$\begin{cases} \cos\alpha_1 = X_{X'}/\sqrt{X_{X'}^2 + Y_{X'}^2 + Z_{X'}^2} \\ \cos\beta_1 = Y_{X'}/\sqrt{X_{X'}^2 + Y_{X'}^2 + Z_{X'}^2} \\ \cos\gamma_1 = Z_{X'}/\sqrt{X_{X'}^2 + Y_{X'}^2 + Z_{X'}^2} \end{cases} \tag{4-5}$$

(5)同样求出 Y' 轴和 Z' 轴与旧坐标系 X 轴、Y 轴和 Z 轴的正向夹角余玄弦。假设夹角分别为 $\alpha_2, \beta_2, \gamma_2$ 和 $\alpha_3, \beta_3, \gamma_3$,则各角余弦为:

$$\begin{cases} \cos\alpha_2 = X_{Y'}/\sqrt{X_{Y'}^2 + Y_{Y'}^2 + Z_{Y'}^2} \\ \cos\beta_2 = Y_{Y'}/\sqrt{X_{Y'}^2 + Y_{Y'}^2 + Z_{Y'}^2} \\ \cos\gamma_2 = Z_{Y'}/\sqrt{X_{Y'}^2 + Y_{Y'}^2 + Z_{Y'}^2} \end{cases} \tag{4-6}$$

$$\begin{cases} \cos\alpha_3 = X_0/\sqrt{X_0^2 + Y_0^2 + Z_0^2} \\ \cos\beta_3 = Y_0/\sqrt{X_0^2 + Y_0^2 + Z_0^2} \\ \cos\gamma_3 = Z_0/\sqrt{X_0^2 + Y_0^2 + Z_0^2} \end{cases} \tag{4-7}$$

(6)则旧坐标中的任一点坐标 $Q(X,Y,Z)$ 转换为新坐标系下的公式为:

$$\begin{bmatrix} X' \\ Y' \\ Z' \end{bmatrix} = \begin{bmatrix} \cos\alpha_1 & \cos\beta_1 & \cos\gamma_1 \\ \cos\alpha_2 & \cos\beta_2 & \cos\gamma_2 \\ \cos\alpha_3 & \cos\beta_3 & \cos\gamma_3 \end{bmatrix} \begin{bmatrix} X \\ Y \\ Z \end{bmatrix} \tag{4-8}$$

第二节 新模型的建立

在原坐标系中的扰动位球谐展开为:

$$T = \frac{fM}{\rho} \sum_{n=2}^{N} \left(\frac{R}{\rho}\right)^n \sum_{m=0}^{n} (C_{nm}\cos m\lambda + S_{nm}\sin m\lambda) P_{nm}(\cos\theta) \tag{4-9}$$

式中,C_{nm} 和 S_{nm} 是扰动位系数,$P_{nm}(\cos\theta)$ 是缔合勒让德函数(孔祥元等,2001;Hobson,1931;Jahnke et al;1938),由于很多重力场模型给出的位系数都是正常化的,因此需要将位系数作变换:

$$\begin{cases} C_{n0} = \sqrt{2n+1}\,\overline{C}_{n0} \\ C_{nm} = \sqrt{2(2n+1)\dfrac{(n-m)!}{(n+m)!}}\,\overline{C}_{nm} \quad (m>0) \end{cases} \tag{4-10}$$

在新坐标系中,扰动位球谐展开为:

$$T = \frac{fM}{\rho} \sum_{n=2}^{N} \left(\frac{R}{\rho}\right)^n \sum_{k=0}^{n} (A_{nk}\cos k\sigma + B_{nk}\sin k\sigma) P_{nk}(\cos\psi) \tag{4-11}$$

新坐标系下的扰动位系数和原坐标系下的扰动位系数有关系,也和新极点的坐标有关系。设 $\Delta\lambda = \lambda - \lambda_0$，则 $\lambda = \lambda_0 + \Delta\lambda$，由两角和的三角函数公式，可以得到：

$$\begin{cases} \cos m\lambda = \cos m\lambda_0 \cos m\Delta\lambda - \sin m\lambda_0 \sin m\Delta\lambda \\ \sin m\lambda = \sin m\lambda_0 \cos m\Delta\lambda + \cos m\lambda_0 \sin m\Delta\lambda \end{cases} \quad (4\text{-}12)$$

将公式(4-12)代入公式(4-9)中得到：

$$T = \frac{fM}{\rho} \sum_{n=2}^{N} \left(\frac{R}{\rho}\right)^n \sum_{m=0}^{n} (a_{nm} \cos m\Delta\lambda + b_{nm} \sin m\Delta\lambda) P_{nm}(\cos\theta) \quad (4\text{-}13)$$

式中：

$$\begin{cases} a_{nm} = C_{nm} \cos m\lambda_0 + S_{nm} \sin m\lambda_0 \\ b_{nm} = S_{nm} \cos m\lambda_0 - C_{nm} \sin m\lambda_0 \end{cases} \quad (4\text{-}14)$$

公式(4-14)中的右端的参数都是已知的，因此公式(4-13)的位系数也是已知的。建立一个过渡坐标系，定义为 $P(\rho, \psi, \alpha)$，α 和新坐标系下的经度关系是：$\alpha = \pi - \sigma$。在过渡坐标系中，扰动位球谐展开为：

$$T = \frac{fM}{\rho} \sum_{n=2}^{N} \left(\frac{R}{\rho}\right)^n \sum_{k=0}^{n} (A_{nk}^* \cos k\alpha + B_{nk}^* \sin k\alpha) P_{nk}(\cos\psi) \quad (4\text{-}15)$$

如果已知公式(4-15)中的位系数 A_{nk}^* 和 B_{nk}^*，则将 $\alpha = \pi - \sigma$ 代入公式(4-15)可以得到公式(4-11)的位系数：

$$A_{nk} = \begin{cases} A_{nk}^* & k \in \text{偶数} \\ -A_{nk}^* & k \in \text{奇数} \end{cases} \quad (4\text{-}16)$$

$$B_{nk} = \begin{cases} -B_{nk}^* & k \in \text{偶数} \\ B_{nk}^* & k \in \text{奇数} \end{cases} \quad (4\text{-}17)$$

为了建立公式(4-15)和公式(4-13)的关系，利用齐次多项式的一个性质：任一齐次多项式可表示为经过旋转后任意新轴的同阶多项式之和。运用在球面多项式中，令：

$$\begin{cases} P_{nm}(\cos\theta) \cos m\Delta\lambda = \sum_{k=0}^{n} a_{nm}^k P_{nk}(\cos\psi) \cos k\alpha \\ P_{nm}(\cos\theta) \sin m\Delta\lambda = \sum_{k=0}^{n} b_{nm}^k P_{nk}(\cos\psi) \sin k\alpha \end{cases} \quad (4\text{-}18)$$

式中，a_{nm}^k 和 b_{nm}^k 是常系数。将公式(4-18)代入公式(4-13)中，得到：

$$T = \frac{fM}{\rho} \sum_{n=2}^{N} \left(\frac{R}{\rho}\right)^n \sum_{m=0}^{n} \sum_{k=0}^{n} (a_{nm}^k a_{nm} \cos k\alpha + b_{nm}^k b_{nm} \sin k\alpha) P_{nk}(\cos\psi) \quad (4\text{-}19)$$

将公式(4-19)右端求和顺序作一个调换，可得到：

$$T = \frac{fM}{\rho} \sum_{n=2}^{N} \left(\frac{R}{\rho}\right)^n \sum_{k=0}^{n} \sum_{m=0}^{n} (a_{nm}^k a_{nm} \cos k\alpha + b_{nm}^k b_{nm} \sin k\alpha) P_{nk}(\cos\psi) \quad (4\text{-}20)$$

将公式(4-20)和公式(4-15)对比后可以得到：

$$\begin{cases} A_{nk}^* = \sum_{m=0}^{n} a_{nm}^k a_{nm} \\ B_{nk}^* = \sum_{m=0}^{n} b_{nm}^k b_{nm} \end{cases} \quad (4-21)$$

由上式可以看出，只要求出常系数 a_{nm}^k 和 b_{nm}^k，就可以得到过渡坐标系下扰动位系数。由勒让德多项式的递推关系式：

$$(n-m+1)P_{n+1\,m}(\cos\theta) = (2n+1)\cos\theta P_{nm}(\cos\theta) - (n+m)P_{n-1\,m}(\cos\theta) \quad (4-22)$$

将公式(4-22)两边都乘以 $\cos m\Delta\lambda$，并由公式(4-18)得到：

$$\begin{aligned}
(n-m+1)&\sum_{k=0}^{n+1} a_{n+1\,m}^k P_{n+1\,k}(\cos\psi)\cos k\alpha \\
&= (2n+1)\cos\theta \sum_{k=0}^{n} a_{nm}^k P_{nk}(\cos\psi)\cos k\alpha \\
&\quad - (n+m)\sum_{k=0}^{n-1} a_{n-1\,m}^k P_{n-1\,k}(\cos\psi)\cos k\alpha
\end{aligned} \quad (4-23)$$

在球面三角形(Heiskanen et al, 1967)中存在关系：

$$\cos\theta = \cos\theta_0 \cos\psi + \sin\theta_0 \sin\psi \cos\alpha \quad (4-24)$$

将公式(4-24)代入公式(4-23)，得到：

$$\begin{aligned}
(n-m+1)&\sum_{k=0}^{n+1} a_{n+1\,m}^k P_{n+1\,k}(\cos\psi)\cos k\alpha \\
&= (2n+1)\cos\theta_0 \cos\psi \sum_{k=0}^{n} a_{nm}^k P_{nk}(\cos\psi)\cos k\alpha \\
&\quad + (2n+1)\sin\theta_0 \sin\psi \sum_{k=0}^{n} a_{nm}^k P_{nk}(\cos\psi)\cos k\alpha \cos\alpha \\
&\quad - (n+m)\sum_{k=0}^{n-1} a_{n-1\,m}^k P_{n-1\,k}(\cos\psi)\cos k\alpha
\end{aligned} \quad (4-25)$$

由三角函数的积化和差公式 $\cos k\alpha \cos\alpha = \dfrac{\cos(k+1)\alpha + \cos(k-1)\alpha}{2}$，将公式(4-25)整理得到：

$$(n-m+1)\sum_{k=0}^{n+1} a_{n+1\,m}^k P_{n+1\,k}(\cos\psi)\cos k\alpha$$

$$= (2n+1)\cos\theta_0 \cos\psi \sum_{k=0}^{n} a_{nm}^k P_{nk}(\cos\psi)\cos k\alpha$$

$$+ \frac{(2n+1)}{2}\sin\theta_0 \sin\psi \sum_{k=0}^{n} a_{nm}^k P_{nk}(\cos\psi)\cos(k+1)\alpha$$

$$+ \frac{(2n+1)}{2}\sin\theta_0 \sin\psi \sum_{k=0}^{n} a_{nm}^k P_{nk}(\cos\psi)\cos(k-1)\alpha$$

$$- (n+m)\sum_{k=0}^{n-1} a_{n-1m}^k P_{n-1k}(\cos\psi)\cos k\alpha \quad (4\text{-}26)$$

公式(4-26)的两端都是 $\cos k\alpha$ 的级数,因此两端任意 $\cos k\alpha$ 的乘数应该相等,因此可以得到:

$$(n-m+1)a_{n+1m}^k P_{n+1k}(\cos\psi)$$
$$= (2n+1)\cos\theta_0 \cos\psi\, a_{nm}^k P_{nk}(\cos\psi)$$
$$+ \frac{(2n+1)}{2}\sin\theta_0 \sin\psi\, a_{nm}^{k-1} P_{nk-1}(\cos\psi)$$
$$+ \frac{(2n+1)}{2}\sin\theta_0 \sin\psi\, a_{nm}^{k+1} P_{nk+1}(\cos\psi)$$
$$- (n+m)a_{n-1m}^k P_{n-1k}(\cos\psi) \quad (4\text{-}27)$$

上式给出了不同常数值 a_{nm}^k 之间的关系,一旦得到初值,就可以递推全部数值,但是使用不方便,为作进一步的改化,利用勒让德多项式的递推公式:

$$(2n+1)\cos\psi P_{nk}(\cos\psi)$$
$$= (n-k+1)P_{n+1k}(\cos\psi) + (n+k)P_{n-1k}(\cos\psi)$$
$$(2n+1)\sin\psi P_{nk-1}(\cos\psi)$$
$$= P_{n+1k}(\cos\psi) - P_{n-1k}(\cos\psi) \quad (4\text{-}28)$$
$$(2n+1)\cos\psi P_{nk+1}(\cos\psi)$$
$$= (n+k)(n+k+1)P_{n+1k}(\cos\psi) - (n-k)(n-k+1)P_{n-1k}(\cos\psi)$$

将上式代入公式(4-27),整理后得到:

$$\left[(n-m+1)a_{n+1m}^k - (n-k+1)\cos\theta_0 a_{nm}^k - \frac{1}{2}\sin\theta_0 a_{nm}^{k-1}\right.$$
$$\left. + \frac{1}{2}(n-k)(n-k+1)\sin\theta_0 a_{nm}^{k+1}\right]P_{n+1k}(\cos\psi)$$
$$= \left[(n+k)\cos\theta_0 a_{nm}^k - \frac{1}{2}\sin\theta_0 a_{nm}^{k-1} + \frac{1}{2}(n+k)(n+k+1)\sin\theta_0 a_{nm}^{k+1}\right.$$
$$\left. - (n+m)a_{n-1m}^k\right]P_{n-1k}(\cos\psi) \quad (4\text{-}29)$$

上式的两边分别为 $\cos\psi$ 的两个不同勒让德多项式及其乘积,它成立的条件是两个乘数都为零。因此可以得到两个递推关系式：

$$(n-k)(n-k+1)\sin\theta_0 a_{nm}^{k+1}$$
$$=-2(n-m+1)a_{n+1m}^k+2(n-k+1)\cos\theta_0 a_{nm}^k+\sin\theta_0 a_{nm}^{k-1} \quad (4\text{-}30)$$

$$(n+k)(n+k+1)\sin\theta_0 a_{nm}^{k+1}$$
$$=-2(n+k)\cos\theta_0 a_{nm}^k+\sin\theta_0 a_{nm}^{k-1}+2(n+m)a_{n-1m}^k \quad (4\text{-}31)$$

公式(4-30)、(4-31)给出了 a_{nm}^k 的递推关系式，只要已知初始值 a_{nm}^0，利用以上两个关系式中的任何一个就可以求出所有的 a_{nm}^k。

将公式(4-18)的第一式两端同乘以 $P_{n0}(\cos\psi)$，并在单位球面上积分，得：

$$\iint_\omega P_{nm}(\cos\theta)\cos m\Delta\lambda P_{n0}(\cos\psi)\mathrm{d}\omega$$
$$=\iint_\omega P_{n0}(\cos\psi)\sum_{k=0}^n a_{nm}^k P_{nk}(\cos\psi)\cos k\alpha\,\mathrm{d}\omega \quad (4\text{-}32)$$

由球谐函数的正交性，可得到上式右端的积分：

$$\iint_\omega P_{n0}(\cos\psi)\sum_{k=0}^n a_{nm}^k P_{nk}(\cos\psi)\cos k\alpha\,\mathrm{d}\omega$$
$$=\sum_{k=0}^n a_{nm}^k \iint_\omega P_{n0}(\cos\psi)P_{nk}(\cos\psi)\cos k\alpha\,\mathrm{d}\omega$$
$$=a_{nm}^0 \int_{\psi=0}^\pi \int_{\alpha=0}^{2\pi} P_{n0}(\cos\psi)P_{n0}(\cos\psi)\sin\psi\,\mathrm{d}\psi\,\mathrm{d}\alpha \quad (4\text{-}33)$$
$$=\frac{4\pi a_{nm}^0}{2n+1}$$

应用球函数的加法定理(郭俊义,2000)：

$$P_{n0}(\cos\psi)=P_{n0}(\cos\theta_0)P_{n0}(\cos\theta)$$
$$+2\sum_{m=1}^n \frac{(n-m)!}{(n+m)!}P_{nm}(\cos\theta_0)P_{nm}(\cos\theta)\cos m\Delta\lambda \quad (4\text{-}34)$$

公式(4-32)左端的积分为：

$$\iint_\omega P_{nm}(\cos\theta)\cos m\Delta\lambda P_{n0}(\cos\psi)\mathrm{d}\omega$$
$$=\iint_\omega P_{nm}(\cos\theta)\cos m\Delta\lambda [P_{n0}(\cos\theta_0)P_{n0}(\cos\theta)$$
$$+2\sum_{m=1}^n \frac{(n-m)!}{(n+m)!}P_{nm}(\cos\theta_0)P_{nm}(\cos\theta)\cos m\Delta\lambda]\mathrm{d}\omega$$

$$= 2\frac{(n-m)!}{(n+m)!}P_{nm}(\cos\theta_0)\int_{\theta=0}^{\pi}\int_{\Delta\lambda=0}^{2\pi}[P_{nm}(\cos\theta)\cos m\Delta\lambda]^2\sin\theta\mathrm{d}\theta\mathrm{d}\Delta\lambda$$

$$= 2\frac{(n-m)!}{(n+m)!}P_{nm}(\cos\theta_0)\frac{2\pi}{2n+1}\frac{(n+m)!}{(n-m)!} \tag{4-35}$$

$$= \frac{4\pi P_{nm}(\cos\theta_0)}{2n+1}$$

由公式(4-32)、(4-33)和(4-35)可以得到递推计算 a_{nm}^k 的初始值：

$$a_{nm}^0 = P_{nm}(\cos\theta_0) \tag{4-36}$$

用相同的方法可以得到 b_{nm}^k 的递推公式：

$$\begin{aligned}&(n-k)(n-k+1)\sin\theta_0 b_{nm}^{k+1}\\&=-2(n-m+1)b_{n+1m}^k+2(n-k+1)\cos\theta_0 b_{nm}^k+\sin\theta_0 b_{nm}^{k-1}\end{aligned} \tag{4-37}$$

$$\begin{aligned}&(n+k)(n+k+1)\sin\theta_0 b_{nm}^{k+1}\\&=-2(n+k)\cos\theta_0 b_{nm}^k+\sin\theta_0 b_{nm}^{k-1}+2(n+m)b_{n-1m}^k\end{aligned} \tag{4-38}$$

由于 $b_{nm}^0 = 0$，因此需要寻求初始值 b_{nm}^1。

将公式(4-18)的第二式对 $\Delta\lambda$ 求导：

$$mP_{nm}(\cos\theta)\cos m\Delta\lambda$$

$$=\sum_{k=0}^{n}b_{nm}^k\left[\sin k\alpha\frac{\mathrm{d}P_{nk}(\cos\psi)}{\mathrm{d}\psi}\frac{\mathrm{d}\psi}{\mathrm{d}\Delta\lambda}+kP_{nk}(\cos\psi)\cos k\alpha\frac{\mathrm{d}\alpha}{\mathrm{d}\Delta\lambda}\right] \tag{4-39}$$

在图 4-1 球面三角形 P_0QN 中，存在球面三角公式 $\cos\psi = \cos\theta_0\cos\theta + \sin\theta_0\sin\theta\cos\Delta\lambda$，对 $\Delta\lambda$ 求导得到：

$$\sin\psi\frac{\partial\psi}{\partial\Delta\lambda}=\sin\theta\sin\theta_0\sin\Delta\lambda \tag{4-40}$$

由球面三角公式 $\sin\theta\sin\Delta\lambda = \sin\psi\sin\alpha$，得到：

$$\frac{\partial\psi}{\partial\Delta\lambda}=\sin\theta_0\sin\alpha \tag{4-41}$$

再利用球面三角公式 $\sin\theta\sin\Delta\lambda = \sin\psi\sin\alpha$ 对 $\Delta\lambda$ 求导得到：

$$\sin\theta\cos\Delta\lambda=\cos\psi\sin\alpha\frac{\partial\psi}{\partial\Delta\lambda}+\sin\psi\cos\alpha\frac{\partial\alpha}{\partial\Delta\lambda} \tag{4-42}$$

由球面三角公式 $\sin\theta\cos\Delta\lambda = \cos\psi\sin\theta_0 - \sin\psi\cos\theta_0\cos\alpha$，将公式(4-41)代入上式，整理后得到：

$$\frac{\partial\alpha}{\partial\Delta\lambda}=\cot\psi\sin\theta_0\cos\alpha-\cos\theta_0 \tag{4-43}$$

将上式和公式(4-41)代入公式(4-39)，得到：

$$mP_{nm}(\cos\theta)\cos m\Delta\lambda$$
$$= \sum_{k=0}^{n} b_{nm}^{k} \left[\sin k\alpha \sin\theta_0 \sin\alpha \frac{\mathrm{d}P_{nk}(\cos\psi)}{\mathrm{d}\psi} \right. \tag{4-44}$$
$$\left. + k\cos k\alpha P_{nk}(\cos\psi)(\cot\psi\sin\theta_0\cos\alpha - \cos\theta_0) \right]$$

假设 Q 点和 P_0 点重合，此时 $\theta = \theta_0$，$\Delta\lambda = 0$，$\psi = 0$。考虑到 Legendre 的性质：

$$\frac{\mathrm{d}P_{nk}(\cos\psi)}{\mathrm{d}\psi}\bigg|_{\psi=0} = \begin{cases} \dfrac{n(n+1)}{2} & (k=1) \\ 0 & (k>1) \end{cases} \tag{4-45}$$

$$P_{nk}(\cos\psi)|_{\psi=0} = 0 \quad (k>0) \tag{4-46}$$

$$k\cot\psi P_{nk}(\cos\psi)|_{\psi=0} = \begin{cases} \dfrac{n(n+1)}{2} & (k=1) \\ 0 & (k>1) \end{cases} \tag{4-47}$$

由此可以得到：

$$mP_{nm}(\cos\theta_0) = \frac{2n+1}{2}\sin\theta_0 b_{nm}^1 \tag{4-48}$$

这样就得到了 b_{nm}^k 的初始值：

$$b_{nm}^1 = \frac{2}{n(n+1)\sin\theta_0} mP_{nm}(\cos\theta_0) \tag{4-49}$$

总结起来，换极坐标计算过程为：

(1) 选取极点 P_0。

(2) 将扰动位正常化系数利用公式(4-10)转换为非正常化系数后，利用公式(4-14)得到新的位系数 a_{nm}、b_{nm}。

(3) 利用公式(4-36)和公式(4-49)得到转换常数的初始值 a_{nm}^0、b_{nm}^1。

(4) 利用公式(4-30)或公式(4-31)和公式(4-37)或公式(4-38)分别计算出 a_{nm}^k、b_{nm}^k 的数值。

(5) 利用公式(4-21)计算出过渡坐标系下的扰动位系数 A_{nm}^*、B_{nm}^* 的数值。

(6) 利用公式(4-16)和公式(4-17)分别计算出 A_{nm}、B_{nm} 的数值，这样便得到新坐标系下扰动位系数，再将其正常化，得到正常化扰动位系数。

第三节 数值试验

在新极坐标系下，正常化的扰动位展开式为：

$$T = \frac{fM}{\rho} \sum_{n=2}^{N} \left(\frac{R}{\rho}\right)^n \sum_{k=0}^{n} (\overline{A}_{nk}\cos k\sigma + \overline{B}_{nk}\sin k\sigma) P_{nk}(\cos\psi) \tag{4-50}$$

当极点选择在弹道起点时，导弹沿着新子午面飞行，此时 σ 为常数，为了减少

计算量,需要将公式(4-50)变换为:

$$T = \frac{fM}{\rho} \sum_{n=2}^{N} \left(\frac{R}{\rho}\right)^n \sum_{k=0}^{n} (\overline{A}_{nk}^{**} \cos k\Delta\sigma + \overline{B}_{nk}^{**} \sin k\Delta\sigma) P_{nk}(\cos\psi) \qquad (4\text{-}51)$$

式中,$\overline{A}_{nk}^{**} = A\cos k\sigma + B\sin k\sigma$,$\overline{B}_{nk}^{**} = B\cos k\sigma - A\sin k\sigma$,$\Delta\sigma = 0$。弹道上一点的扰动位为:

$$T = \frac{fM}{\rho} \sum_{n=2}^{N} \left(\frac{R}{\rho}\right)^n \sum_{k=0}^{n} A_{nk}^{**} P_{nk}(\cos\psi) \qquad (4\text{-}52)$$

计算弹道扰动引力表达式为:

$$\begin{cases} \delta_\rho = -\dfrac{fM}{\rho^2} \sum_{n=2}^{N}(n+1)\left(\dfrac{R}{\rho}\right)^n \sum_{k=0}^{n} \overline{A}_{nk}^{**} \, \overline{P}_{nk}(\cos\psi) \\ \delta_\psi = -\dfrac{fM}{\rho^2} \sum_{n=2}^{N} \left(\dfrac{R}{\rho}\right)^n \sum_{k=0}^{n} \overline{A}_{nk}^{**} \dfrac{\partial \overline{P}_{nk}(\cos\psi)}{\partial \psi} \\ \delta_\sigma = \dfrac{fM}{\rho^2 \sin\psi} \sum_{n=2}^{N} \left(\dfrac{R}{\rho}\right)^n \sum_{k=0}^{n} \overline{B}_{nk}^{**} k \, \overline{P}_{nk}(\cos\psi) \end{cases} \qquad (4\text{-}53)$$

比较式(4-52)和公式(4-9)可以看出,采用新极坐标后的三角函数计算只需要一次,球函数运算也减少了。其3个坐标方向即为弹道导弹飞行轨道的径向、轨迹方向和法向方向。在新坐标系下计算的扰动引力和原坐标系下计算的扰动引力关系为:

$$\begin{pmatrix} \delta_\rho \\ \delta_\theta \\ \delta_\lambda \end{pmatrix} = \begin{pmatrix} 1 & 0 & 0 \\ 0 & \cos\alpha & \sin\alpha \\ 0 & -\sin\alpha & \cos\alpha \end{pmatrix} \begin{pmatrix} \delta_\rho \\ \delta_\psi \\ \delta_\sigma \end{pmatrix} \qquad (4\text{-}54)$$

当极点为导弹的动量距 $\vec{h}$ 与不动外壳的交点,导弹沿着新赤道飞行,此时 $\psi = 90°$,应用 Clenshaw 求和计算,只需要计算很少的加法和乘法运算就可以得到扰动引力。由公式(4-10)、(4-11)和(4-33)可得扰动引力径向上的表达式为:

$$\delta_\rho = -\frac{GM}{r^2} g$$

$$\sum_{n=2}^{N}\left[\sum_{m=0}^{n}(n+1)\left(\frac{a}{r}\right)^n \overline{C}_n^{*m}\cos m\lambda \, \overline{P}_n^m(\theta) + \sum_{m=0}^{n}(n+1)\left(\frac{a}{r}\right)^n \overline{S}_n^{*m}\sin m\lambda \, \overline{P}_n^m(\theta)\right]$$

$$(4\text{-}55)$$

令:

$$zc = \sum_{n=0}^{N}\left[\sum_{m=0}^{n}(n+1)\left(\frac{a}{r}\right)^n \overline{C}_n^{*m}\cos m\lambda \, \overline{P}_n^m(\theta)\right]$$

$$= \sum_{m=0}^{N}\left[\sum_{n=m}^{N}(n+1)\left(\frac{a}{r}\right)^n \overline{C}_n^{*m} \, \overline{P}_n^m(\theta)\right]\cos m\lambda$$

$$= \sum_{m=0}^{N} Szc_i \cos m\lambda$$

$$zs = \sum_{n=0}^{N} \Big[\sum_{m=0}^{n} (n+1) \Big(\frac{a}{r}\Big)^n \overline{S}_n^m \sin m\lambda \, \overline{P}_n^m(\theta) \Big]$$

$$= \sum_{m=0}^{N} \Big[\sum_{n=m}^{N} (n+1) \Big(\frac{a}{r}\Big)^n \overline{S}_n^m \, \overline{P}_n^m(\theta) \Big] \sin m\lambda \qquad (4\text{-}56)$$

$$= \sum_{m=0}^{N} Szs_i \sin m\lambda$$

式中：

$$Szc_i = \sum_{n=m}^{N} (n+1) \Big(\frac{a}{r}\Big)^n \overline{C}_n^{*m} \, \overline{P}_n^m(\theta)$$

$$Szs_i = \sum_{n=m}^{N} (n+1) \Big(\frac{a}{r}\Big)^n \overline{S}_n^m \, \overline{P}_n^m(\theta) \qquad (4\text{-}57)$$

公式(4-57)即为 Clenshaw 求和级数，在新极坐标系下，Szc_i 和 Szs_i 都是固定值。利用 Clenshaw 求和级数计算时，$\cos m\lambda$ 的输入参数为 $y_n = (n+1)\Big(\frac{a}{r}\Big)^n \overline{C}_n^{*m}$，$\sin m\lambda$ 的输入参数为 $y_n = (n+1)\Big(\frac{a}{r}\Big)^n \overline{S}_n^m$。由于南北方向的扰动引力表达式中出现了两个正常化缔合 Legendre 函数，因此表 Clenshaw 求和级数变为 4 个：

$$S1xc_i = \sum_{n=m}^{N} n \cos\theta \Big(\frac{a}{r}\Big)^n \overline{C}_n^{*m} \, \overline{P}_n^m(\theta)$$

$$S1zs_i = \sum_{n=m}^{N} n \cos\theta \Big(\frac{a}{r}\Big)^n \overline{S}_n^m \, \overline{P}_n^m(\theta)$$

$$S2xc_i = \sum_{n=m}^{N} -\frac{\sqrt{2n+1}}{\sqrt{2n-1}} \sqrt{n+m} \sqrt{n-m} \Big(\frac{a}{r}\Big)^n \overline{C}_n^{*m} \, \overline{P}_{n-1}^m(\theta) \qquad (4\text{-}58)$$

$$S2zs_i = \sum_{n=m}^{N} -\frac{\sqrt{2n+1}}{\sqrt{2n-1}} \sqrt{n+m} \sqrt{n-m} \Big(\frac{a}{r}\Big)^n \overline{C}_n^{*m} \, \overline{P}_{n-1}^m(\theta)$$

同公式(4-57)一样，输入参数均为正常化缔合 Legendre 函数前的系数。而东西方向的 Clenshaw 求和级数为：

$$Syc_i = \sum_{n=m}^{N} m \Big(\frac{a}{r}\Big)^n \overline{S}_n^m \, \overline{P}_n^m(\theta)$$

$$Sys_i = \sum_{n=m}^{N} -m \Big(\frac{a}{r}\Big)^n \overline{C}_n^{*m} \, \overline{P}_n^m(\theta) \qquad (4\text{-}59)$$

将极轴选择在与导弹轨道面垂直,则弹道的余纬始终为90°,计算一次后只需要存储2(N+1)个三角函数系数。

通过模拟计算出一段轨道,轨道上扰动引力的计算采用传统方法、传统换极方法和改进换极方法。改进的换极方法为引入Clenshaw求和的计算方法,即换极后导弹沿着新赤道飞行。假设传统球谐函数计算的扰动引力值为真值,则采用传统换极后计算的扰动引力误差统计结果见表4-1,从表中可以看出,换极前后计算的扰动引力差值在径向上最小,在东西方向最大,最大值达到1.83mGal。需要说明的是改进换极方法,换极后计算的扰动引力误差各方向小于0.001mGal,传统换极方法存在较大误差是因为在新极点附近计算缔合勒让德函数是有奇异性的。

表 4-1 换极计算统计

扰动引力	差值(mGal)		
	最大值	平均值	标准差
δ_ρ	0.00	0.00	0.00
δ_θ	1.83	0.64	0.90
δ_λ	0.57	−0.43	0.45

扰动重力场模型的位系数个数同模型的最高阶次有关,假设最高阶次为N,则采用传统方法、传统换极方法和改进换极方法的计算公式分别为:$(N+1)(N+2)$,$(N+1)(N+2)/2$和$6(N+1)$。受正常化过程的限制,本书采用EGM2008前72阶次扰动重力场模型。试验统计了6 400个扰动重力的计算速度,采用3种方法统计,结果见表4-2。通过比较可以看出,采用换极方法可以提高计算速度:传统换极方法可以提高近一倍的速度,改进换极方法计算速度提高了两个数量级。计算扰动引力的速度有很大提高,但是极点附近的计算是奇异的。采用换极方法还可以节省存储空间:传统换极方法可以节省一半的存储空间,采用改进换极方法的数据量仅为传统方法的十分之一。

表 4-2 试验结果统计

单点扰动引力	传统方法	传统换极方法	改进换极方法
计算速度(ms)	0.390	0.229	0.003
数据存储量(位系数个数)	5 402	2 701	438

模拟实验的轨道为从地面起飞开始的一段轨迹,采用扰动重力场模型计算的

扰动引力各分量如图 4-2 所示,图中的 A、B 和 C 图分别是轨道上扰动引力的径向分量、南北分量和东西分量,图中的横轴为飞行器距离地面的高度。从图中可以看出,地球外部扰动引力的信息范围为 $-20\sim25\mathrm{mGal}$,对精确定轨的飞行器来说不可忽略。

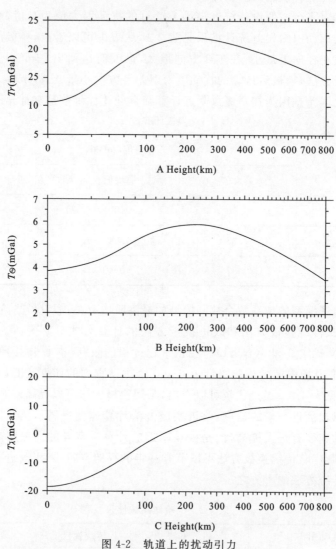

图 4-2　轨道上的扰动引力

采用传统换极后扰动引力误差结果如图 4-3 所示，对于极点附近的扰动引力计算采取了奇异点处理方法。从图中可以看出，东西方向扰动引力差值随高度有明显变化，在东西方向和径向变化平缓，对于径向，扰动引力误差几乎 0。

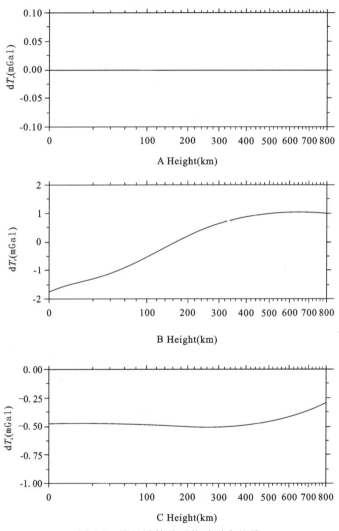

图 4-3 换极计算前后扰动引力差异

第五章 球冠谐计算区域重力场

要描述局部重力场的精细结构,采用全球重力场位模型是很难达到要求的。球冠谐分析方法是建立局部重力场理论的一个比较理想的方法(Li Jiancheng et al,1995),实际上球冠谐在地磁方面也有广泛的应用(An et al,1992;De Santis et al,1989;Haines,1985)。球冠谐理论还在不断发展中,在球冠坐标系下,球冠半径为 θ_0,任一点的坐标为 (r,θ,λ),θ 为余纬,λ 为经度。严格来讲,球谐模型是球冠谐的一种特殊情况。

本章介绍了球冠谐展开的基本理论,并对 Muller 方法计算非整阶次缔合勒让德函数进行计算分析,探讨了球冠谐理论存在的问题。通过仿真试验得出了球冠谐理论在弹道学中的使用范围。

第一节 球冠谐展开

在球冠谐分析中,地球外部重力场位满足 Laplace 方程,同球谐分析一样,可以用分离变量法获得方程的解(Haines,1985)。由于球冠谐分析中,极角的范围已经不再是 $[0,\pi]$,因此余纬的边界条件与球坐标系中不同,此时的边界条件(Li Jiancheng et al,1995;Haines,1985;De-santis et al,1995)为:

$$T(r,\theta_0,\lambda) = f(r,\lambda) \tag{5-1}$$

$$\left.\frac{\partial T(r,\theta,\lambda)}{\partial \theta}\right|_{\theta=\theta_0} = g(r,\lambda) \tag{5-2}$$

两式右端的函数均与 θ 无关,在球谐分析中,仅有缔合勒让德函数与 θ 有关。Haines 已经证明,上式两个方程的基函数可以通过以下两方程分别满足:

$$p_n^m(\cos\theta) = 0 \tag{5-3}$$

$$\left.\frac{\partial p_n^m(\cos\theta)}{\partial \theta}\right|_{\theta=\theta_0} = 0 \tag{5-4}$$

由于经度范围和球谐分析中的经度范围相同,因此对应的本征值 m 为整数变量。当给定公式(5-3)和公式(5-4)的 θ_0 时,都可以单独确定一组对应 m 的 n 值序列,此时的 n 为非整数,非整阶缔合 Legendre 函数特征值的计算(彭富清等,2000;Hwang,1997),可通过 Muller 方法计算。非整阶勒让德函数序列通过球冠来确定,文献(吴招才等,2006)指出需要利用两个正交基数。令 k 为 n 值序列下标,并定义 $k-m=$ 奇数时采用公式(5-3)获取的本征值序列,$k-m=$ 偶数时采用公式(5-4)获取的本征值序列。因此可以看出,球冠谐函数描述的地球重力场是局部区域内的,它同全球区域的球谐函数存在差异:在求解关于余纬的偏微分方程时,球谐分析中方程的本征值是整数,而球冠谐分析中的本征值是非整数。扰动位球冠谐展开形式可写为:

$$T = \frac{GM}{r} \sum_{k=2}^{N} \sum_{m=0}^{k} \left(\frac{a}{r}\right)^n \left[C_k^m \cos m\lambda + S_k^m \sin m\lambda\right] P_n^m(\cos\theta) \tag{5-5}$$

式中,n 为勒让德函数的阶数,是非整数。规格化非整阶缔合勒让德函数 $P_n^m(\theta)$ 的计算可通过超几何函数(Lebedev,1972)计算:

$$\overline{P}_{nm}(\theta) = K_{nm} \sin^m\theta F\left(m-n, n+m+1, 1+m, \sin^2\frac{\theta}{2}\right) \tag{5-6}$$

式中,K_{nm} 为规格化因子,F 为超几何函数,它们的函数形式为:

$$K_{nm} = \begin{cases} 0 & m=0 \\ \sqrt{\dfrac{2(2n+1)(n-m)!}{(n+m)!}} & m>0 \end{cases} \tag{5-7}$$

$$F(a,b;c;x) = \sum_{k=0}^{\infty} \frac{(a)_k (b)_k}{k!(c)_k} x^k, \quad |x|<1 \tag{5-8}$$

式中,$(a)_k$,$(b)_k$ 和 $(c)_k$ 的递推公式为:$(a)_0=1$,$(a)_1=a$,$(a)_k=(a+k-1)(a)_{k-1}$。

由于公式(5-6)计算繁琐,特别是非整数阶乘计算给实现带来麻烦,规格化非整阶缔合勒让德函数的递推公式为:

$$\overline{P}_{nm}(\theta) = \sum_{j=0}^{J_{\max}} A_j(n,m) \left(\frac{1-\cos\theta}{2}\right)^j \tag{5-9}$$

上式中,$J_{\max}$ 为级数最高阶,$A_j(n,m)$ 计算公式为:

$$A_0(n,m) = K_{nm} \sin^m\theta \tag{5-10}$$

$$A_j(n,m) = \frac{(j+m-1)(j+m)-n(n+1)}{j(j+m)} A_{j-1}(n,m) \quad (j>0) \tag{5-11}$$

利用计算阶乘的 Stirling 公式,规格化因子 K_{nm} 的近似计算公式:

$$K_{nm} = \begin{cases} 0 & m=0 \\ \dfrac{2^{-m}}{\sqrt{m\pi}} \left(\dfrac{n+m}{n-m}\right)^{\frac{n}{2}+\frac{1}{4}} p^{\frac{m}{2}} \exp(e_1+e_2) & m>0 \end{cases} \tag{5-12}$$

式中,$p = \left(\dfrac{n}{m}\right)^2 - 1$,$e_1 = -\dfrac{1}{12m}\left(1+\dfrac{1}{p}\right)$,$e_2 = \dfrac{1}{360m^3}\left(1+\dfrac{3}{p^2}+\dfrac{4}{p^3}\right)$。

对球冠半径为 $35°$,$m=0$ 和 $m=1$ 的缔合勒让德函数及其导数如图 5-1 和图 5-2 所示。从图中可以看出,随着 n 值的增加,缔合勒让德函数非常不稳定,这决定了适合球冠谐展开的缔合勒让德函数的零根值是有限的。

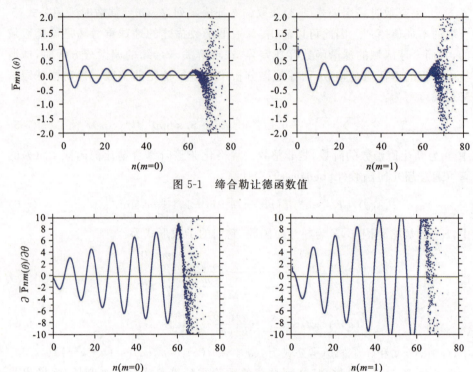

图 5-1 缔合勒让德函数值

图 5-2 一阶导缔合勒让德函数

球冠谐最大指数 k 和球谐函数最大阶数 $N_{\max}$ 的关系为：

$$N_{\max} = \frac{\pi}{2\theta_0}(k+0.5) - 0.5 \tag{5-13}$$

第二节 Muller 方法

方程(5-3)和方程(5-4)的零根值问题，可以用 Muller 方法(Mathews et al, 2004)计算获取。Muller 方法属于广义割线求零根值方法。已知函数 $f(x)$，并计算出 3 个点值：(p_0, f_0)，(p_1, f_1)，(p_2, f_2)。通过这 3 个点可以确定一个抛物线，如图 5-3 所示。假设 p_2 作为最接近零根值的点，引入新变量：

$$t = x - p_2 \tag{5-14}$$

则两个已知点新变量为：

$$\begin{cases} h_0 = p_0 - p_2 \\ h_1 = p_1 - p_2 \end{cases} \tag{5-15}$$

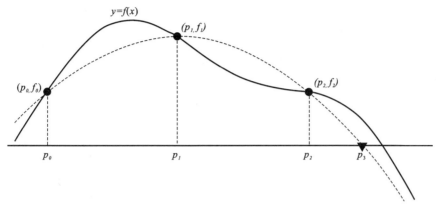

图 5-3　多项式拟合计算的扰动重力

新变量下的二次抛物线函数为：
$$y = at^2 + bt + c \tag{5-16}$$

式中，a,b,c 为待定参数，将 3 个点坐标代入，并解方程得：

$$\begin{cases} a = \dfrac{e_0 h_1 - e_1 h_0}{h_1 h_0 (h_0 - h_1)_2} \\ b = \dfrac{e_1 h_0^2 - e_0 h_1^2}{h_1 h_0 (h_0 - h_1)} \\ c = f_2 \end{cases} \tag{5-17}$$

式中，$e_0 = f_0 - f_2$，$e_1 = f_1 - f_2$，抛物线零根值为：

$$t = \frac{-2c}{b \pm \sqrt{b^2 - 4ac}} \tag{5-18}$$

由于我们所求值距离 p_2 较近，故选取绝对值较小的零根值：

$$\begin{cases} t = \dfrac{-2c}{b + \sqrt{b^2 - 4ac}} & b \geqslant 0 \\ t = \dfrac{-2c}{b - \sqrt{b^2 - 4ac}} & b < 0 \end{cases} \tag{5-19}$$

得到新的坐标点：
$$p_3 = p_2 + t \tag{5-20}$$

将 p_3 代入函数 $f(x)$ 中，若满足要求，即为所求根值；若不满足要求，则将 p_3 作为新的 p_2 值，利用 (p_0,f_0)，(p_1,f_1) 和新的 (p_2,f_2) 点继续利用抛物线计算零根值，直至满足要求。

用 Muller 方法计算正则化缔合勒让德函数的非整阶结果见表 5-1～表 5-3。

表 5-1 非整阶函数表 1

k \ m	0	1	2	3	4	5	6	7	8	9
1	3.419 629									
2	5.793 046	2.636 043								
3	8.531 479	5.792 160	4.687 749							
4	10.995 720	8.262 729	7.983 111	6.646 511						
5	13.663 074	10.995 611	10.553 699	10.088 301	8.561 697					
6	16.161 745	13.495 593	13.325 515	12.750 571	12.140 109	10.450 423				
7	18.800 545	16.161 670	15.870 311	15.572 555	14.887 052	14.155 441	12.321 160			
8	21.316 924	18.678 525	18.555 457	18.163 865	17.761 931	16.980 728	16.143 790	14.178 632		
9	23.940 312	21.316 851	21.097 887	20.876 231	20.399 443	19.908 394	19.042 031	18.111 103	16.025 882	
10	26.467 361	23.844 195	23.747 567	23.447 365	23.142 527	22.590 917	22.021 375	21.077 766	20.061 497	17.864 974
11	29.081 126	26.467 367	26.291 529	26.114 313	25.743 542	25.366 212	24.747 474	24.107 366	23.092 707	21.997 916
12	31.615 447	29.001 850	28.922 256	28.677 822	28.430 951	27.997 409	27.555 488	26.875 470	26.170 896	25.090 304
13	34.222 474	31.615 432	31.468 411	31.320 560	31.015 564	30.707 004	30.216 646	29.716 085	28.979 830	28.215 563
14	36.762 046	34.155 038	34.087 384	33.880 927	33.672 989	33.313 569	32.949 411	32.406 883	31.852 464	31.063 373
15	39.364 262	36.761 994	36.635 641	36.508 746	36.249 108	35.987 274	35.578 145	35.163 177	34.572 383	33.968 009
16	41.907 737	39.305 541	39.246 640	39.067 813	38.888 016	38.580 081	38.269 211	37.814 233	37.352 328	36.716 482
17	44.506 291	41.907 712	41.796 856	41.685 606	41.459 314	41.231 571	40.879 264	40.523 278	40.025 640	39.520 022
18	47.052 799	44.454 282	44.402 173	44.244 325	44.085 788	43.816 043	43.544 336	43.150 883	42.753 016	42.215 400
19	49.648 698	47.052 806	46.954 047	46.855 035	46.654 306	46.452 525	46.142 606	45.830 207	45.398 306	44.961 283
20	52.197 497	49.601 809	49.555 169	49.413 768	49.272 081	49.031 788	48.790 118	48.442 681	48.092 337	47.624 357
21	54.789 617	52.197 792	52.107 740	52.019 249	51.838 780	51.657 442	51.380 555	51.101 823	50.719 270	50.333 310
22	57.318 445	54.750 715	54.706 609	54.576 439	54.449 063	54.233 041	54.015 462	53.704 312	53.390 641	52.974 970
23	60.017 333	57.331 818	57.268 115	57.183 118	57.012 526	56.850 087	56.600 283	56.349 900	56.004 600	55.658 520
24	63.558 013	59.855 285	59.839 413	59.776 381	59.656 023	59.424 284	59.215 787	58.947 250	58.661 689	58.284 625
	62.992 167	62.210 087	62.182 308	62.355 427	62.114 756	61.739 734	61.540 851	61.258 943	60.947 779	

表 5-2 非整阶函数表 2

m\k	10	11	12	13	14	15	16	17	18	19
10	19.697 348									
11	23.922 535	21.524 084								
12	27.073 173	25.837 087	23.345 993							
13	30.243 921	29.043 341	27.742 870	25.163 766						
14	33.129 569	32.258 082	31.002 411	29.640 952	26.977 872					
15	36.065 395	35.180442	34.259 776	32.951 687	31.532 185	28.788 704				
16	38.841 785	38.146 823	37.217 937	36.250 409	34.892 249	33.417 320	30.596 752			
17	41.668 858	40.950 476	40.214 028	39.242 811	38.231 089	36.825 624	35.296 949	32.402 158		
18	44.385 983	43.800 773	43.044 331	42.268 400	41.256 975	40.202 812	38.750 680	37.171 587	34.205 218	
19	47.150 482	46.539 426	45.917 563	45.124 835	44.311 238	43.261 298	42.166 405	40.669 888	39.041 677	36.006 148
20	49.831 170	49.322 448	48.677 435	48.020 686	47.193 244	46.343 596	45.256 660	44.122 575	42.583 270	40.907 608
21	52.555 354	52.020 723	51.478 890	50.801 505	50.111 380	49.250 633	48.366 380	47.244 003	46.072 000	44.491 209
22	55.211 610	54.760 044	54.194 482	53.621 191	52.912 752	52.190 752	51.297 915	50.380 398	49.223 538	48.015 077
23	57.908 444	57.430 894	56.948 907	56.354 176	55.750 604	55.012 315	54.259 642	53.335 901	52.386 277	51.195 828
24	60.546 462	60.140 623	59.634 132	59.123 699	58.500 720	57.868 086	57.101 159	56.318 911	55.365 300	54.384 651

表 5-3　非整阶函数表 3

k \ m	20	21	22	23	24
20	37.805 067				
21	42.769 682	39.602 254			
22	46.394 146	44.628 234	41.397 869		
23	49.952 348	48.292 526	46.483 495	43.191 787	
24	53.161 899	51.884 230	50.186 561	48.335 694	44.984 370

第三节　球冠谐映射方法

前面系统地研究了用球冠谐展开表达局部重力场方法,为精确描述局部重力场的高阶频谱提供了理论基础。但该理论需要按边界条件反求非整阶 Legendre 函数的阶数,计算量非常繁重,不便于实际应用。因此,本书将采用 ASHA 技术,在保持相当精度的前提下,对球冠谐函数作必要的改进,以此简化运算,使球冠谐分析在局部重力场研究中的实际应用效果提高。其主要思想是把余纬 θ 的定义域 $(0,\theta_0)$ 映射到 $\left(0,\dfrac{\pi}{2}\right)$ 上,以便用普通 Legendre 函数代替非整阶 Legendre 函数,从而达到简化运算的目的,下面将从理论上简述如何把扰动场元从半角为 θ_0 的球冠坐标系 (r,θ,λ) 转化到半角为 $\dfrac{\pi}{2}$ 的球冠球坐标系 (r',θ',λ') 中去。

球冠谐映射方法需要将原坐标系转换到新坐标系中,这里：

$$\begin{cases} r' = r \\ \lambda' = \lambda \\ \theta' = s\theta \end{cases} \tag{5-21}$$

式中,$s = \dfrac{\pi}{2\theta_0}$ 与上述坐标系转化相对应,对扰动位在水平方向的派生量的大小也要发生变化,但扰动位在径方向的派生量的大小将保持不变。扰动引力的计算的派生量计算公式为：

$$\begin{cases} T_r = T'_r \\ T_\theta = sT'_\theta \\ T_\lambda = \sin\theta' T'_\lambda / \sin\theta \end{cases} \tag{5-22}$$

为寻求非整阶数值的计算方法,具体的转化方法还是从如下 Legendre 方程入手：

$$\frac{1}{\sin\theta} \cdot \frac{\mathrm{d}}{\mathrm{d}\theta}\left(\sin\theta \frac{\mathrm{d}P}{\mathrm{d}\theta}\right) + \left[l(l+1) - \frac{m^2}{\sin^2\theta}\right]P = 0 \quad (5\text{-}23)$$

式中，P 是方程的解，即 Legendre 函数 $p_n^m(\theta)$。

如果球冠半角不太大，可以认为 $\sin\theta \approx \theta$（这种近似在 $\theta_0 \leqslant 14°$ 时近似程度优于 99%，在 $\theta_0 \leqslant 20°$ 时近似程度达到 98%）。所以方程(5-23)可变化为：

$$\frac{1}{\theta} \cdot \frac{\mathrm{d}}{\mathrm{d}\theta}\left(\theta \frac{\mathrm{d}P}{\mathrm{d}\theta}\right) + \left[l(l+1) - \frac{m^2}{\theta^2}\right]P = 0 \quad (5\text{-}24)$$

即：

$$\frac{\mathrm{d}^2 P}{\mathrm{d}\theta^2} + \frac{1}{\theta} \cdot \frac{\mathrm{d}P}{\mathrm{d}\theta} + \left[l(l+1) - \frac{m^2}{\theta^2}\right]P = 0 \quad (5\text{-}25)$$

上式方程是 Legendre 方程的近似形式，由式(5-21)可得：

$$\begin{aligned}
\frac{\mathrm{d}\theta'}{\mathrm{d}\theta} &= s \\
\frac{\mathrm{d}P(\theta)}{\mathrm{d}\theta} &= s \cdot \frac{\mathrm{d}P(\theta')}{\mathrm{d}\theta'} \\
\frac{\mathrm{d}^2 P(\theta)}{\mathrm{d}\theta^2} &= s^2 \cdot \frac{\mathrm{d}^2 P(\theta')}{\mathrm{d}\theta'^2}
\end{aligned} \quad (5\text{-}26)$$

将方程(5-26)代入式(5-25)，则有：

$$\frac{\mathrm{d}^2 P}{\mathrm{d}\theta'^2} + \frac{1}{\theta'} \cdot \frac{\mathrm{d}P}{\mathrm{d}\theta'} + \left[l(l+1)/s^2 - \frac{m^2}{\theta'^2}\right]P = 0 \quad (5\text{-}27)$$

假设：

$$k(k+1) = l(l+1)/s^2 \quad (5\text{-}28)$$

则方程(5-27)同方程(5-25)完全类似。

由于 θ' 的取值范围是 $\left(0, \frac{\pi}{2}\right)$，式(5-28)中的假设并非总是成立的，但我们有理由认为阶数和次数分别为 k，m 的 Legendre 函数仍然是方程(5-27)的解。本书定义 $k=0,1,2,\cdots$，则 l 必须取实数，后面将以 l_k 代替它，l_k 同 k 相关。由于上式是一个二次方程，其解为非负数，因此可以得出：

$$l_k = \sqrt{s^2 k(k+1) + 0.25} - 0.5 \quad (5\text{-}29)$$

由于上式是方程(5-23)解的近似值，存在一定的偏差，为了使上式和传统方法计算结果更接近，也可以引入纠错因子进行计算，当然这种方法使用起来也比较麻烦，它需要借助传统方法进行计算。Haines 给出了公式(5-29)更简单的计算表达式：

$$l_k \approx s(k+0.5) - 0.5 \quad (5\text{-}30)$$

利用传统方法和以上两个近似公式计算球面半径为 10°和 15°时的非整阶数值分别见表 5-4 和表 5-5。从表中可以看出,近似计算方法在整体上是比较接近传统计算方法,特别是在数值较大时,相对误差是比较小的,采用公式(5-30)的结果效果更好。

表 5-4 多种方法计算的非整阶数值 1

k	传统方法	近似方法 1		近似方法 2	
		数值	相对误差(%)	数值	相对误差(%)
1	8.65	8.00	7.48	8.50	1.70
2	14.14	14.21	0.43	14.50	2.51
3	20.58	20.29	1.42	20.50	0.40
4	26.30	26.34	0.13	26.50	0.75
5	32.55	32.37	0.57	32.50	0.16
6	38.36	38.39	0.06	38.50	0.36
7	44.54	44.40	0.31	44.50	0.09
8	50.40	50.41	0.04	50.50	0.21
9	56.53	56.42	0.19	56.50	0.05
10	62.42	62.43	0.02	62.50	0.14

表 5-5 多种方法计算的非整阶数值 2

k	传统方法	近似方法 1		近似方法 2	
		数值	相对误差(%)	数值	相对误差(%)
1	13.22	12.24	7.46	13.00	1.69
2	21.46	21.55	0.43	22.00	2.52
3	31.13	30.68	1.43	31.00	0.41
4	39.70	39.75	0.13	40.00	0.76
5	49.08	48.80	0.58	49.00	0.17
6	57.79	57.83	0.06	58.00	0.36
7	67.06	66.85	0.31	67.00	0.09
8	75.84	75.87	0.04	76.00	0.21
9	85.05	84.88	0.19	85.00	0.06
10	93.87	93.89	0.02	94.00	0.14

以上两种方法有一个前提条件,就是假设在球冠半径一定的情况下非整阶不随 Legendre 函数次的变化而变化,是一个固定值。实际上,利用数值解算方法解算的非整阶是随次数值变化而变化的,因此以上两种方法存在一定的缺陷。为检验近似计算方法的准确性,实验假设球冠半径为 20°,利用传统方法减去近似计算,其结果如图 5-4 所示,图中主对角线以上区域数值均为 0。从图中可以看出,近似计算数值偏大,且随着阶和次的增加而增大。当次数为 0 时,逼近效果即为表 5-4 中所示内容,图中偏离值最大接近 30,这是一个很大的偏离,达到粗差范围。为此需要增加一个修正量,修正这个偏差。

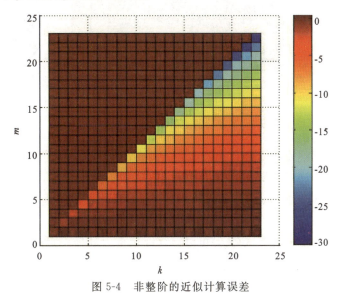

图 5-4 非整阶的近似计算误差

由于没有一个很好的理论依据,因此利用数值计算结果进行分析,近似计算数值的偏离值随次数的增加而增加。本项目通过多次试验,借助公式(5-23),我们将公式(5-28)的解修改如下:

$$l_k = \sqrt{s^2 k(k+1) + 0.25 - m \times m / \sin^2 \theta_0} - 0.5 \qquad (5-31)$$

利用公式(5-31)同传统方法计算比较,得出的计算结果如图 5-5 所示,从图中可以看出,修正的近似计算同样有些偏大,但是相对于公式(5-29),修正公式的计算效果有了很大改进,不仅在低阶次上更接近真实值,在高阶次上,其最大偏离值已经由原来的 30 减少到 7。

公式(5-21)中映射函数是将球冠半径映射为 $\dfrac{\pi}{2}$,由于球谐函数是球冠谐函数的特殊形式。为此,设想将球冠半径映射为整个球体,此时计算非整阶缔合勒让德

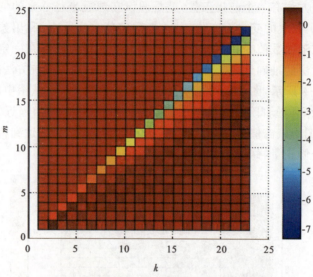

图 5-5 非整阶的近似计算误差——修正效果

函数将变为计算整阶次缔合勒让德函数。需要说明的是,由于在角度 π 时,地球已经成为一个点了,然而球冠边界的重力场信息并不是一个点,这在物理上是相悖的,但是我们所需要的是一个函数逼近的效果,因此可以将逼近球冠半径延长一点,在边界区域我们假设它们的物理性质是相同的。

球冠谐函数位模型公式(5-5)可以计算区域重力场任一点的重力场元,该重力场元的表达式中,包含一个体函数 $\left(\dfrac{R}{r}\right)^{l_k(m)}$,一个傅里叶级数 $\cos m\lambda$、$\sin m\lambda$ 和一个缔合勒让德函数 $P_{l_k}^m(\cos\theta)$,其中最核心的计算就是缔合 Legendre 函数的计算,相比球谐函数模型,由第四章内容可知,球冠谐模型系数少,其计算速度更高。而采用球冠谐映射方法计算球冠谐重力场元时,同样具有速度优势,并且相对于球冠谐模型计算重力场元,其计算效率更具有优势。我们构建球冠谐模型时,需要根据球冠半径利用求零根值方法逐个计算出缔合勒让德函数的非整阶,这需要根据公式(5-3)和公式(5-4)或者公式(5-9)计算大量的缔合勒让德函数,这本身就是一项比较繁琐的计算,同时计算出的非整阶需要用数组进行存储。采用映射方法,只需要根据公式(5-29)或者公式(5-30)直接计算得出。

第四节　仿真试验

球冠谐分析方法在理论上可以更好地描述局部重力场的精细结构(Thebault

et al,2006),通过前面的分析我们知道,球冠谐的阶次是受到限制的(Torta et al,1996;De Santis A et al,1997),球冠谐的应用还有其他方面的困难,本书利用最小二乘求取球冠谐系数。利用球冠谐方法建立区域重力场模型,试验的数据利用EGM2008。由于球冠半径为35°,球冠最高阶的序列为24,根据公式(5-13),对应的重力场位模型为62.5,模拟试验取63阶次。通过重力场位模型计算的重力异常作为观测值,利用第三边值条件作为观测方程来获取球冠谐模型。为了检验球冠谐模型的阶次和重力场位模型对应阶次的对应关系,用扰动重力的径向数值作为检验值,得到的误差结果如图5-6所示。从图中可以看出,利用公式(5-13)的对应关系,球冠谐模型完全可以代替对应的重力场位模型。

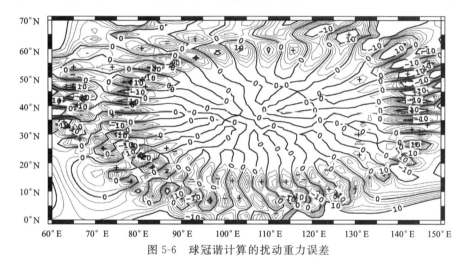

图 5-6 球冠谐计算的扰动重力误差

由于模型阶次的限制,球冠谐模型不适合地面重力场的赋值,仅适合一定高度的重力场赋值。以试验模型为例,球冠模型对应的重力场为模型63阶次,通过公式(5-12)和(5-14),如果要使模型径向和水平方向的截断误差小于1mGal,高度必须达到310km,如果要使模型的截断误差小于2mGal,高度必须达到220km。因此球冠谐方法在高空区域可以替代重力场位模型,不仅可以提高速度,还可以减少内存。

为构建球冠谐模型,首先利用重力场模型计算重力异常观测值,构建模型区域选择在90°—130°E,20°—60°N,球冠半径为20°。根据前文所述,球冠谐非整阶的最高次受到限制,最大值为22,根据尼奎斯特公式,对应的球谐模型最大阶次为100。利用EGM2008重力场模型100阶次计算的整个区域内的重力异常如图5-7所示,数值范围在−120~110mGal,在部分区域,重力异常的波动范围比较剧烈。可以作为实验区域。拟合标准偏差为9.4mGal。

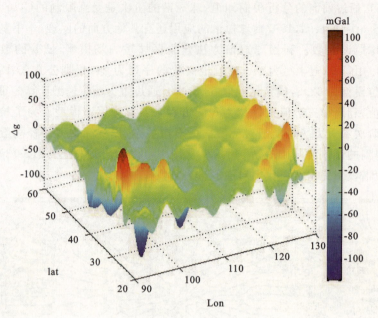

图 5-7 实验区域重力异常

通过坐标转换可以实现在地理坐标同球冠坐标系之间构建模型系数：

$$\boldsymbol{B}=fM\begin{bmatrix} B_{11} & B_{12} & B_{13} & \cdots & B_{1,M-1} & B_{1,M} \\ B_{21} & B_{22} & B_{23} & \cdots & B_{2,M-1} & B_{2,M} \\ \vdots & \vdots & \vdots & & \vdots & \vdots \\ B_{N1} & B_{N2} & B_{N3} & \cdots & B_{N,M-1} & B_{N,M} \end{bmatrix} \quad (5-32)$$

式中，$\boldsymbol{B}$ 矩阵第一个下标表示观测值顺序，第二个下标表示模型系数顺序，各元素的表达式如下：

$$B_{11}=\frac{1}{r_1^2}(n_1^0-1)\left(\frac{a}{r_1}\right)^{n_1^0}\cos(0\times\lambda_1)P_1^0(\theta_1),$$

$$B_{12}=\frac{1}{r_1^2}(n_1^1-1)\left(\frac{a}{r_1}\right)^{n_1^1}\cos(1\times\lambda_1)P_1^1(\theta_1),$$

$$B_{13}=\frac{1}{r_1^2}(n_1^1-1)\left(\frac{a}{r_1}\right)^{n_1^1}\sin(1\times\lambda_1)P_1^1(\theta_1),$$

$$B_{1,M-1}=\frac{1}{r_1^2}(n_k^m-1)\left(\frac{a}{r_1}\right)^{n_k^m}\cos(m\lambda_1)P_k^m(\theta_1),$$

$$B_{1,M}=\frac{1}{r_1^2}(n_k^m-1)\left(\frac{a}{r_1}\right)^{n_k^m}\sin(m\lambda_1)P_k^m(\theta_1),$$

$$B_{21} = \frac{1}{r_2^2}(n_1^0-1)(\frac{a}{r_2})^{n_1^0}\cos(0\times\lambda_2)P_1^0(\theta_2),$$

$$B_{22} = \frac{1}{r_2^2}(n_1^1-1)(\frac{a}{r_2})^{n_1^1}\cos(1\times\lambda_2)P_1^1(\theta_2),$$

$$B_{23} = \frac{1}{r_2^2}(n_1^1-1)(\frac{a}{r_2})^{n_1^1}\sin(1\times\lambda_2)P_1^1(\theta_2),$$

$$B_{2,M-1} = \frac{1}{r_2^2}(n_k^m-1)(\frac{a}{r_2})^{n_k^m}\cos(m\lambda_2)P_k^m(\theta_2),$$

$$B_{2,M} = \frac{1}{r_2^2}(n_k^m-1)(\frac{a}{r_2})^{n_k^m}\sin(m\lambda_2)P_k^m(\theta_2),$$

$$B_{N1} = \frac{1}{r_N^2}(n_1^0-1)(\frac{a}{r_N})^{n_1^0}\cos(0\times\lambda_N)P_1^0(\theta_N),$$

$$B_{N2} = \frac{1}{r_N^2}(n_1^1-1)(\frac{a}{r_N})^{n_1^1}\cos(1\times\lambda_N)P_1^1(\theta_N),$$

$$B_{N3} = \frac{1}{r_N^2}(n_1^1-1)(\frac{a}{r_N})^{n_1^1}\sin(1\times\lambda_N)P_1^1(\theta_N),$$

$$B_{N,M-1} = \frac{1}{r_N^2}(n_k^m-1)(\frac{a}{r_N})^{n_k^m}\cos(m\lambda_N)P_k^m(\theta_N),$$

$$B_{N,M} = \frac{1}{r_N^2}(n_k^m-1)(\frac{a}{r_N})^{n_k^m}\sin(m\lambda_N)P_k^m(\theta_N).$$

通过观测方程,利用最小二乘原理计算球冠谐系数模型。

第五节 模型构建

利用上述方法计算得到球冠谐位系数模型,其检验精度如图5-8、图5-9所示,从图5-8中可以看出,拟合结果在中心区域效果较好,在边缘区域表现出明显的波动痕迹,精度从中心区域1mGal的误差迅速增加到边缘20mGal的误差。从图中还可以看出,球冠谐逼近重力场模型,在边缘区域,误差出现正负交替现象,这是由于模型阶次有限,不能完全反映更高频率的重力场信息。

为了检验更高频次的重力场信息逼近误差,采用120阶次球谐模型作为理想重力场源,使用同样的球冠谐模型构建方法构建的模型逼近误差结果如图5-9所示,对比图5-8的结果,本次试验整体逼近误差明显增大,中心区域逼近误差接近10mGal,边缘区域逼近误差达到40mGal,由此说明相应阶次的球冠谐模型不能逼近高频率的重力场。

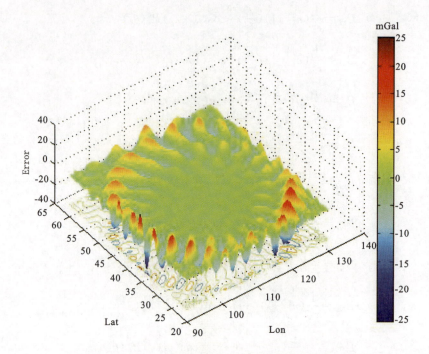

图 5-8　使用 100 阶次模型作为观测值构建的球冠谐误差

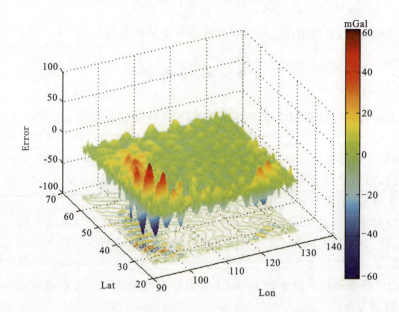

图 5-9　使用 120 阶次模型作为观测值构建的球冠谐误差

为了验证球冠谐向上延拓效果,根据公式(5-12)和公式(5-14)的计算结果,当区域范围较高时,重力场模型的截断误差会减小,当高度达到100km时,36阶次的球谐模型精度已经可以达到5mGal。因此数值实验计算了100km区域的重力异常误差,计算结果如图5-10所示,从图中可以看出,在该区域计算的重力异常误差大于在地面上的逼近误差,在中间区域误差接近10mGal,而在边缘区域的逼近误差也达到20mGal,在向外延伸的区域,逼近误差迅速增大,可达1000mGal的误差。因此球冠谐的空间适用性受到比较大的限制,具有一定向上延拓性,不具备向四周延伸性。

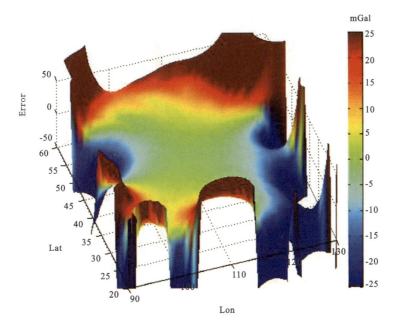

图 5-10　球冠谐模型向上延拓100km处的误差

为验证前文中映射方法,利用近似计算替代传统方法计算非整阶缔合勒让德函数的零根值,球冠谐逼近效果如图5-11所示。对比图5-8和图5-11可以看出,两者的逼近效果几乎完全相同,说明采用近似计算方法完全可以替代传统方法。

前文所述是将球冠半径映射为半个球冠,假设球冠半径完全映射为整个球体,而非整阶缔合勒让德函数的计算采用整阶次缔合勒让德函数计算。这样不仅在计算速度上更有优势,而且没有阶次的限制。实验采用22阶次整阶缔合勒让德函数计算的逼近效果如图5-12所示,在逼近区域范围内,模型误差同图5-8的效果相当,只是在远区域范围,效果明显下降。由于整阶次缔合勒让德函数不受阶次限制,为此,数值模拟还做了30阶次的逼近实验,其效果如图5-13所示,对比图5-13

和图 5-8，逼近效果显著改善，在逼近区域最大误差仅为 5mGal。

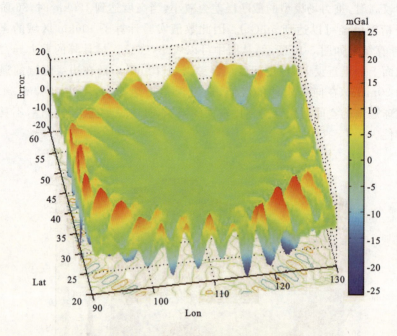

图 5-11　近似计算零根值的球冠谐逼近效果

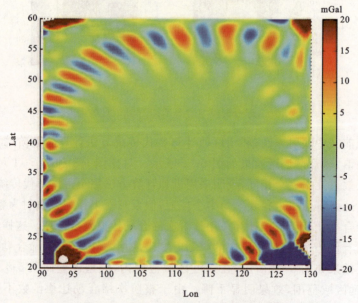

图 5-12　采用 22 阶次的球冠谐逼近效果

前文试验中将高度作为影响球冠谐模型的一个重要因素，因此采用这种映射方法计算 100km 高处区域的逼近效果如图 5-14 所示，对比图 5-14 和图 5-10 可以看出，尽管在向上延拓方面，逼近误差依然存在，但是逼近效果在逼近区域和逼近精度上都有所提高。

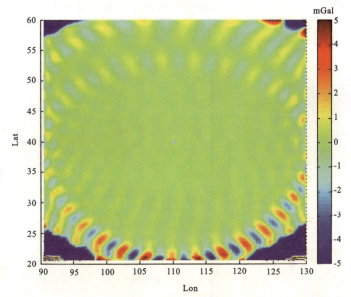

图 5-13 采用 30 阶次的球冠谐逼近效果

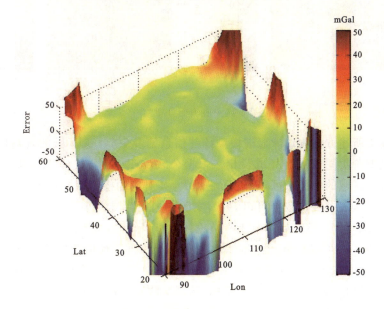

图 5-14 采用 22 阶次 100km 高度的球冠谐逼近效果

为反映重力场信息丰富程度，利用等阶次重力场模型计算的观测值做参照，数值实验均采用球冠最高阶为22，选择的球冠区域为：5°，10°，15°，20°。模拟数据利用 EGM2008 同等阶次的位系数模型计算得出，不同区域的重力异常数据分布如图5-15 所示。从图中可以看出，球冠半径越小，重力异常信息越丰富，这是因为同样在22阶情况下，根据公式(5-13)，对应的球谐系数最高阶次越高，其反映的重力场细部特征越详细。

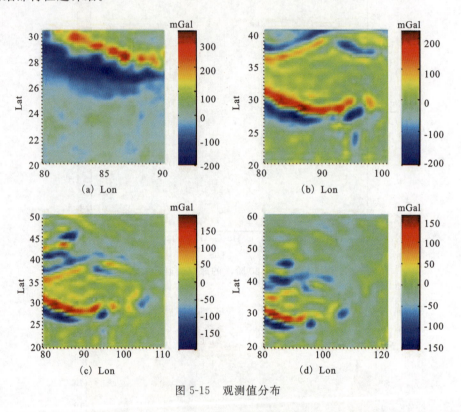

图 5-15 观测值分布

利用前文所述方法构建球冠谐模型统计信息见表5-6，4个区域的观测值所采用的球谐模型阶次同球冠半径成反比。根据公式(5-11)和公式(5-12)，如果想更好地反映局部区域的细部特征，逼近区域越大，其对应的模型截断误差越大，其逼近效果越差。从表中统计数据可以看出，实验中逼近标准差小于10mGal，逼近误差最大值则达到了55.61mGal，从上一节论述中可以知道，边界效应影响很大。对比图5-15和表5-6可以看出，逼近效果同逼近区域细部特征信息量没有明显关系。在相同条件下，即在同一台计算机，采用 Matlab 计算机语言，模型构建耗时上基本保持一致，这是由于球冠谐阶次是一定的，运算次数基本相同。

表 5-6　模型构建统计信息

球冠范围	5°	10°	15°	20°
对应球谐模型阶次	397	199	133	100
构建模型耗时(s)	44.6	41.8	41.6	38.8
逼近标准差值(mGal)	5.33	5.09	7.57	4.22
逼近最大误差值(mGal)	22.9	23.66	55.61	17.33

一、重力场逼近精度

为反映逼近效果,利用计算观测值的球谐模型和构建的球冠谐模型计算区域内的重力异常,不同逼近区域计算得到逼近误差分布分别如图 5-16～图 5-19 所示。从这些图中可以看出,边缘效应很明显,在边缘区域,逼近误差出现正负交替现象。因此要逼近某一区域,可以采用逼近范围适当放大来保证逼近区域的效果。对比这些图和表 5-6,可以看出,区域为 15°的逼近效果最差。

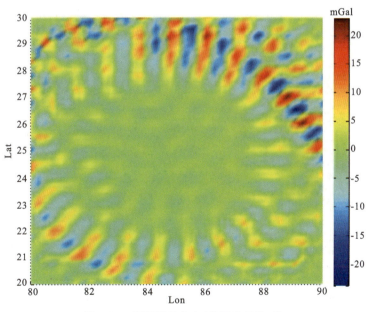

图 5-16　逼近误差分布(球冠半径为 5°)

地球重力场是一个空间场,因此我们有必要分析构建的球冠谐模型在空间上的逼近效果,由于内部构造复杂,因此仅分析在地球外部上的逼近效果。以空间曲线为例,在构建中心的西、东、北和南(分别标记为 L、R、T、B)方向任选一点作为起点。根据公式(5-11)和公式(5-12),在距离地面 100km 区域,90 阶次的模型截断

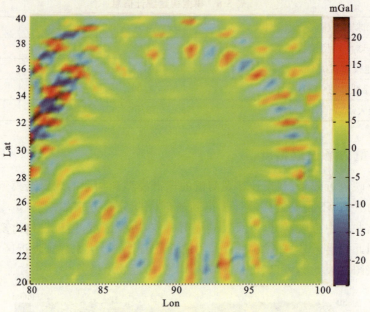

图 5-17　逼近误差分布(球冠半径为 10°)

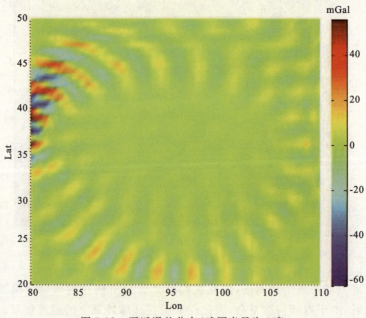

图 5-18　逼近误差分布(球冠半径为 15°)

第五章 球冠谐计算区域重力场

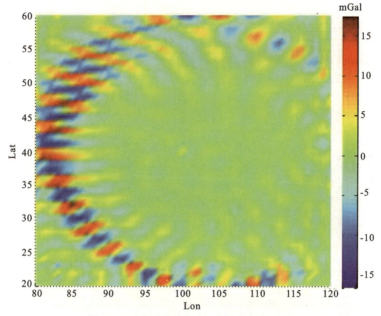

图 5-19　逼近误差分布(球冠半径为 20°)

误差已经小于 5mGal,因此逼近高度选取在 100km。不同区域的逼近效果分别如图 5-20~图 5-23 所示。从这些图中可以看出,逼近误差随高度的增加而增加。图 5-20~图 5-22 中,逼近区域超过 10km 时,逼近误差已经超过 10mGal,而图 5-23 中,逼近误差均小于 6mGal。因此球冠谐逼近效果在外部空间中具有局限性。

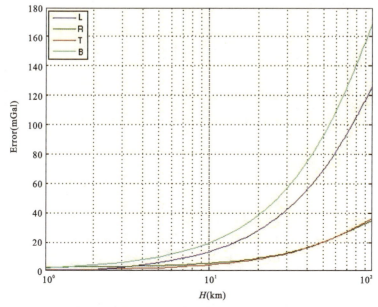

图 5-20　逼近误差随高度变化(球冠半径为 5°)

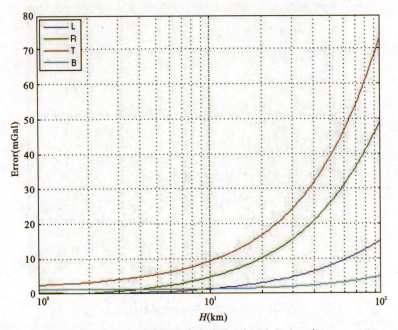

图 5-21 逼近误差随高度变化(球冠半径为 10°)

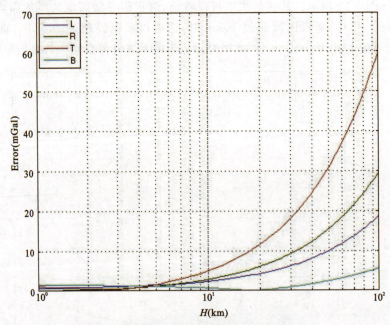

图 5-22 逼近误差随高度变化(球冠半径为 15°)

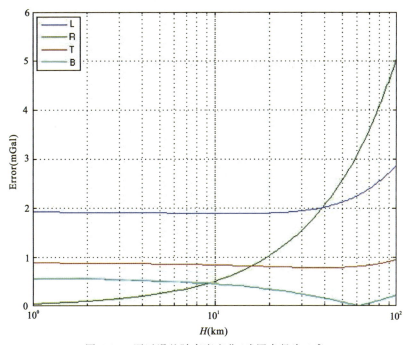

图 5-23 逼近误差随高度变化(球冠半径为 20°)

二、重力场元计算速度

前文是对球冠谐逼近误差的分析,现在看看球冠谐在计算重力场元时的速度。我们选择球冠谐最高阶次分别为 5、10、15 和 20 作为对象,球冠半径范围为 5°~30°,同时对比相同精度下的球谐模型计算速度。计算速度统计结果如图 5-24 所示,图中的(a)、(b)、(c)、(d)分别为 4 个不同阶次模型,横轴为逼近的球冠半径。从图中可以看出,在球冠阶次相同的情况下,球冠谐计算速度同球冠半径联系不大。同样条件下,球冠谐模型在计算速度上没有优势,这是因为球冠谐计算非整阶次缔合 Legendre 函数时,迭代计算量比较大。球谐模型的计算速度与球冠半径成反比,这是因为在同球冠谐同阶次情况下,球冠半径越大,球谐阶次越小,因此运算次数减少。

为了改进球冠谐的计算效率,针对空间曲线,可以选择适当的球冠中心,使该曲线在球冠坐标系下的余纬是一个定值,这样仅需要计算一次非整阶次缔合 Legendre 函数值。而球谐模型也可以通过这种新极变换达到这种效果,因此相同条件下,采用这种方法计算效果如图 5-25 所示,从图中可以看出,球冠谐模型计算重力场元的速度具有一定的优势,但是随着球冠半径的增加,这种优势越来越小。

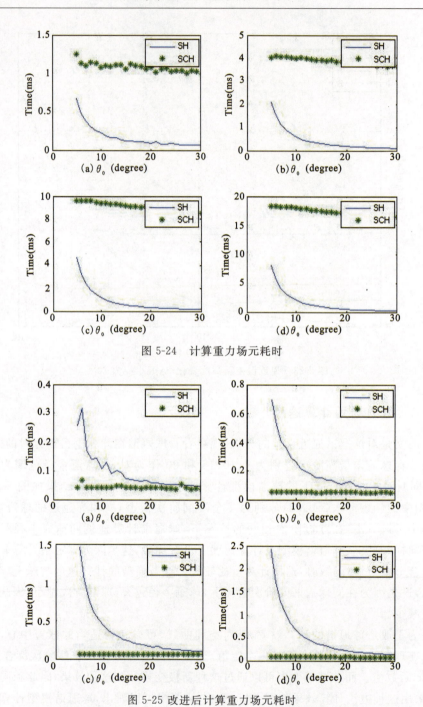

图 5-24　计算重力场元耗时

图 5-25　改进后计算重力场元耗时

第六章 基于点质量模型的数值逼近理论

物理大地测量边值问题和局部重力场理论与应用的研究一直是人们十分感兴趣的课题,莫洛金斯基理论的建立,避免了司托克斯问题由于归算在理论上不严密性的缺陷,使得依据重力测量数据直接确定地球自然表面成为可能,但在实际工作上的困难是沿复杂的地形面的积分。最小二乘配置方法(Moritz,1980)的应用开拓了综合利用不同类型的资料确定地球重力场和地球形状的新途径,但精确地求得协方差函数仍是一个较难解决的问题(Tscherning,1977)。其他一些现代解法和局部重力场的表示方法也都展示了各有特色的面貌,但任何一种方法都有一些难以克服的缺点。用质点位的组合来逼近实际外部扰动位的方法也是研究局部重力场(刘长弘等,2015;Jianqing Wang et al,2013)的手段之一。

第一节 原 理

设地球内部有一半径为 R_B 的虚拟球层(Bjerhammar,1987) σ 见图6-1,其层密度为 μ,由万有引力定律,该球层对层外一点的引力位为:

$$V_p = f \int_\sigma \frac{\mu}{l} d\sigma \tag{6-1}$$

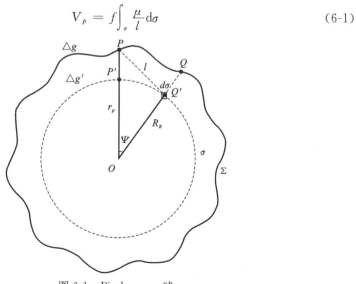

图6-1 Bjerhammar球

式中，f 为万有引力常数，l 为 P 点到球层上 $d\sigma$ 单元处的距离。计算公式为：

$$l = \sqrt{R_B^2 + r_P^2 - 2R_B r_P \cos\psi} \tag{6-2}$$

式中，r_P 为 P 点到球心的距离，ψ 为 P 点到 $d\sigma$ 单元处的极角，它满足三角关系式：$\cos\psi = \sin(\varphi_p)\sin(\varphi_\sigma) + \cos(\varphi_p)\cos(\varphi_\sigma)\cos(\lambda_p - \lambda_\sigma)$，$\lambda$，$\varphi$ 分别为点的地心经纬度。

在边界面上，若虚拟球层扰动场源在边界面上产生的扰动位 T' 与真实扰动位 T 一致，由此求解 Bjerhammar 离散边值问题（李建伟，2004；李济生，2003），则用 σ 外的调和扰动场来逼近真实重力场的可能性通过龙格稠密性定理得到保证。假设虚拟场的点质量集合为 $\{m_i\}(i=1,2,\cdots,n)$，由位的叠加原理，T' 可表示为：

$$T'_P = f \sum_{i=1}^{n} m_i l_{P_i}^{-1} = \sum_{i=1}^{n} M_i l_{P_i}^{-1} \tag{6-3}$$

式中，$M_i = fm_i$，l_{P_i} 的意义同式(6-1)中的 l。在地面上由一系列的重力异常观测值 $\{\Delta g_j\}(j=1,2,\cdots,N)$ 利用第三边值问题的边界条件可构建观测方程。

第三边值问题的边界条件（海斯卡涅等，1979；郭俊义，2000）方程为：

$$\frac{\partial T'_j}{\partial r_j} + \frac{2T'_j}{r_j} = -\Delta g_j \tag{6-4}$$

将式(6-3)代入式(6-4)可以得到：

$$\Delta g_j = \sum_{i=1}^{n} [(r_j - R_B \cos\psi_{ji}) l_{ji}^{-3} - 2 r_j^{-1} l_{ji}^{-1}] M_i \tag{6-5}$$

将式(6-5)写成矩阵方程更方便理解：

$$\Delta g = AM \tag{6-6}$$

式(6-6)中，$\Delta g = (\Delta g_1, \Delta g_2, \cdots, \Delta g_N)^T$，$A$ 为 $N \times n$ 矩阵，矩阵元素为 $a_{ji} = \dfrac{r_j - R_B \cos\psi_{ji}}{l_{ji}^3} - \dfrac{2}{r_j l_{ji}}$，$M = (M_1, M_2, \cdots, M_n)^T$。通过求解方程(6-6)可以得到 M_i，这样可以求得该区域边界面外任一点的扰动位：

$$T'_Q = \sum_{i=1}^{n} M_i l_{Q_i}^{-1} \tag{6-7}$$

式(6-7)为 n 个质点位的组合，用分布球面上的 n 个质点位表示重力场模型，公式显得非常简单，通过相应的泛函可以得到扰动重力的分量计算公式（吴晓平，1984）：

$$\delta_\rho = \frac{\partial T'}{\partial \rho} = \sum_{i=1}^{n} M_i l_Q^{-3} (R_B \cos\psi - r_Q)$$

$$\delta_\varphi = \frac{\partial T'}{r_Q \partial \varphi} = \sum_{i=1}^{n} M_i l_Q^{-3} R_B [\cos\varphi_Q \sin\varphi_i - \sin\varphi_Q \cos\varphi_i \cos(\lambda_i - \lambda_Q)] \tag{6-8}$$

$$\delta_\varphi = \frac{\partial T'}{r_Q \cos\varphi \partial \lambda} = \sum_{i=1}^{n} M_i l_Q^{-3} R_B \cos\varphi_i \cos(\lambda_i - \lambda_Q)$$

方程(6-6)是逆算过程,该方程作为线性方程组求解,用不同的方法在计算机3上做了计算试验,统计结果见表6-1。从表中可以看出,高斯消去法、高斯-约当消去法和对称方程分解法的计算速度都在一个数量级上,随着构造矩阵 A 的增大,计算所用的时间大大增加。高斯-赛德尔迭代法和共轭梯度法的计算速度比前3种方法快一个数量级以上,但是这两种方法对构造矩阵 A 有较大的要求,高斯-赛德尔迭代法需要构造的矩阵满足主对角占优的条件,而共轭梯度法则要求方程组具有对称正定性质。

表6-1 方程组解算时间(单位为s)

方法	A 矩阵大小		
	500×500	1 000×1 000	2 000×2 000
高斯消去法	1.57	18.25	174.03
高斯-约当消去法	1.97	21.44	205.77
对称方程分解法	0.45	21.46	205.77
高斯-赛德尔迭代法	0.01	0.03	0.12
共轭梯度法	0.04	0.17	0.76

如果为了获得构造点质量的精度信息,则必须求解方程(6-6)中构造矩阵 A 的逆或者运用最小二乘准则计算法解方程系数矩阵的逆。本书计算了高斯-约当消去法、对称正定矩阵的变量循环重新编号法和广义逆的奇异值分解法的运行时间,统计结果见表6-2。从表中可以看出,一个1 000×1 000的矩阵元素数量仅是500×500矩阵的4倍,但是求逆所用时间却是它的10倍。

表6-2 矩阵求逆解时间(单位为s)

计算方法	A 矩阵大小		
	500×500	1 000×1 000	2 000×2 000
高斯-约当消去法	3.14	49.76	489.71
对称正定矩阵	1.12	11.71	110.55
奇异值分解法	4.14	33.47	266.35

第二节 误差分析

点质量模型的误差源主要有远区截断误差、模型不完全逼近误差和数据观测误差。远区截断误差将在仿真试验中进行分析。模型不完全逼近误差是由于观测数据的性质以及模型结构的不合理性使模型偏离了真实的扰动场。地表长波异常等效于地球深层扰动质点系,短波异常等效于地球浅层质点系。Bowin(1983)利用这一原则,估算了球谐各阶次系数对应的异常场源的最大可能深度,计算公式为:

$$D_n = \frac{R}{n-1} \tag{6-9}$$

将尼奎斯特频率公式 $N_{\max} = \frac{\pi}{\Delta \lambda}$($\Delta \lambda$ 为采样间隔)代入上式,可得:

$$D_n = \frac{R}{\pi/\Delta \lambda - 1} \tag{6-10}$$

通过上式计算的重力异常深度见表6-3。

表6-3 重力异常源深度1

$\Delta \lambda$	22.5°	5°	1°	20′	5′	2′
D_n(km)	910	182	36	12	3	1

傅容姗(1983)也对重力异常深度做了研究,结果转换为空间分辨率后见表6-4。

表6-4 重力异常源深度2

$\Delta \lambda$	22.5°	5°	1°	20′	5′	2′
D_n(km)	910	182	36	12	3	1

而林舸等(1997)研究结果表明,$1° \times 1°$的重力场模型分辨率对应的场源深度可达150km。从这些研究结果来看,关于重力场源的深度还不明确。黄谟涛等研究点质量模型的深度对恢复扰动重力场的影响结果表明:改变点质量埋藏深度,可以极大地影响计算模型对地表观测场的恢复效果,就内插效果而言,选择小的埋藏深度会严重偏离地表观测场。要减小对恢复地表观测场的影响,埋藏深度的选择应该远大于观测量的空间分辨率的距离。

设观测误差协方差为 Q_L,通过公式(6-6)可得点质量误差协方差:

$$Q_M = A^{-1} Q_L (A^{-1})^{\mathrm{T}} \tag{6-11}$$

通过公式(6-8),可得扰动引力误差估计公式:

$$\begin{aligned} \sigma_r^2 &= B_r Q_M B_r^{\mathrm{T}} \\ \sigma_\varphi^2 &= B_\varphi Q_M B_\varphi^{\mathrm{T}} \\ \sigma_\lambda^2 &= B_\lambda Q_M B_\lambda^{\mathrm{T}} \end{aligned} \tag{6-12}$$

式中，B_r、B_φ 和 B_λ 为计算扰动引力公式(6-8)的点质量系数向量。总误差公式为：

$$\sigma = \sqrt{\sigma_r^2 + \sigma_\varphi^2 + \sigma_\lambda^2} \qquad (6-13)$$

若观测数据误差为±1mGal，则对于不同的埋深和不同空间扰动引力的影响按上式估算，结果见表6-5～表6-8，虚拟球的点质量组分辨率分别为 $1°$、$20'$、$5'$ 和 $4'$。

表6-5 点质量模型试验1

高度(km)	埋深(km)					
	10	20	50	100	500	1 000
2	0.70	0.83	0.94	0.99	1.18	1.45
20	0.11	0.25	0.52	0.72	1.10	1.40
50	0.03	0.08	0.25	0.46	0.98	1.32
100	0.01	0.03	0.11	0.26	0.82	1.20
200	0.00	0.01	0.04	0.11	0.61	1.01
500	0.00	0.00	0.01	0.03	0.30	0.65
1 000	0.00	0.00	0.00	0.01	0.13	0.36

表6-6 点质量模型试验2

高度(km)	埋深(km)					
	10	20	50	100	300	500
2	0.70	0.83	0.94	0.99	1.09	1.18
10	0.25	0.45	0.71	0.85	1.03	1.14
20	0.11	0.25	0.52	0.72	0.97	1.10
50	0.03	0.08	0.25	0.46	0.81	0.98
100	0.01	0.03	0.11	0.26	0.62	0.82
200	0.00	0.01	0.04	0.11	0.40	0.61
500	0.00	0.00	0.01	0.03	0.16	0.30

表 6-7　点质量模型试验 3

高度(km)	埋深(km)					
	1	5	15	30	50	100
2	0.12	0.60	16.91	7.27	3.37	1.72
5	0.04	0.34	16.22	6.11	2.94	1.60
10	0.02	0.19	14.87	4.65	2.39	1.42
20	0.01	0.09	10.97	2.85	1.67	1.14
50	0.00	0.02	4.34	0.93	0.75	0.66
100	0.00	0.01	1.52	0.29	0.31	0.34
200	0.00	0.00	0.45	0.08	0.10	0.14

表 6-8　点质量模型试验 4

高度(km)	埋深(km)					
	1	3	10	20	30	50
2	0.12	0.35	1.04	0.98	0.77	0.61
5	0.04	0.17	0.90	0.82	0.65	0.55
10	0.02	0.09	0.71	0.63	0.51	0.46
20	0.01	0.04	0.45	0.41	0.34	0.34
50	0.00	0.01	0.15	0.16	0.14	0.17
100	0.00	0.01	0.05	0.06	0.05	0.07
200	0.00	0.00	0.01	0.02	0.02	0.03

从表 6-5、表 6-6 可以看出，数据误差对扰动引力的影响随着埋深的增加而增大，对这一结论，选择较小的埋深对计算扰动引力有利。而从表 6-7、表 6-8 中的数据中可以发现，埋深增加到一定程度后，误差估计反而变小，其原因是随着埋深的增加，所有观测数据可以作为同一个数据反映这一区域重力场特性，观测数据的频

率特性被过滤了。而表 6-5、表 6-6 中没有出现这种现象,是因为埋深还没有达到。因此,观测数据的误差对扰动引力的影响和埋深密切相关。由于低分辨率重力异常对应地球深层密度异常,高分辨率重力场元对应地球浅层密度异常,这和为减少误差传播相矛盾。由于还要顾及点质量模型不完全逼近误差,这就要顾及重力场本身固有的物理特性,为了平衡观测误差源和模型不完全逼近误差源的影响,本书选择的点质量模型埋深近似模型分辨率。

第三节 模拟试验

点质量模型的构造关键是选择点质量的密度和深度(黄谟涛等,1995)。点质量分布稀疏,参数较少,可以提高计算速度,但是不能反映扰动场的细微变化。模型系数矩阵 A 与点质量深度的选择有关,取 $r_p = 6378.137$ km,计算了 3 个深度的系数矩阵元素值 a_{ji} 随 ψ 的变化,ψ 的变化范围为 $0° \sim 10°$,计算结果如图 6-2 所示。从图中可以看出,点质量组和观测点的球面坐标相同,即 $\psi = 0$,此时 a_{ji} 最大,点质量深度和分辨率的选择不当,将会导致系数矩阵病态,从而无法精确求解点质量参数。点质量的空间结构对模型的解算有很大影响(黄谟涛等,1995),这种影响主要体现在所构造的法方程系数矩阵的稳定性上。要改变这种影响,可以通过改善点质量的空间结构来解决。研究(黄谟涛等,1995)指出,采用点质量间距大致相等的深度比较合适。本书构造点质量模型时选择点质量组和观测点球面坐标相同的准则。

将点质量组分为 4 组,空间分布示意图如图 6-3 所示,A、B、C 和 D 组的分布是逐渐加密的,这是通过逐层点质量模型从低频到高频来逼近实际扰动场(李照稳等,2004)。A、B、C 和 D 组点质量参数解算过程(赵东明等,2001)如下:

(1)以高阶次位模型和 36 阶次位模型计算的 $1°\times1°$ 重力异常作为 A 组观测值:$\Delta g_j^A = \Delta g_j^{720} - \Delta g_j^{36}$,利用公式(6-6)可以解算出 A 组的点质量组参数。

(2)以高阶次位模型、36 阶次位模型和 A 组计算的 $20'\times20'$ 重力异常作为 B 组观测值:$\Delta g_j^B = \Delta g_j^{720} - \Delta g_j^{36} - \Delta g_{Aj}$,利用公式(6-6)解算出 B 组的点质量组参数。

(3)以高阶次位模型、36 阶次位模型,A 组和 B 组计算的 $5'\times5'$ 重力异常作为 C 组观测值:$\Delta g_j^C = \Delta g_j^{720} - \Delta g_j^{36} - \Delta g_{Aj} - \Delta g_{Bj}$,利用公式(6-6)解算出 C 组的点质量组参数。

(4)以高阶次位模型、36 阶次位模型,A 组、B 组和 C 组计算的 $2'\times2'$ 重力异常作为 C 组观测值:$\Delta g_j^D = \Delta g_j^{720} - \Delta g_j^{36} - \Delta g_{Aj} - \Delta g_{Bj} - \Delta g_{Cj}$,利用公式(6-6)解算出 D 组的点质量组参数。

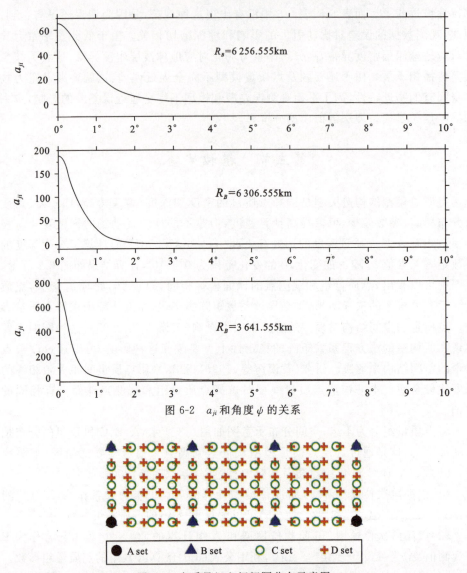

图 6-2　a_{ji} 和角度 ψ 的关系

图 6-3　点质量组空间间隔分布示意图

试验的 A 组所在区域,西部以不同时代的褶皱系为主,间夹中间地块及地台,地壳厚度为 50~70km,东部以地台为主干,地壳厚度为 38~50km,由于地壳密度和地幔密度差异很大,造成地球重力场低频变化明显,采用 EGM2008 位模型计算出的重力异常作为模拟试验的观测值。以 32°~34°N 和 103°~105°E 为计算中心区域,这里位于四川和甘肃的交界处,是松潘高原、岷山和龙门山交汇的地方,地势复杂。图 6-4 是利用 SRTM3 计算的数字高程图,从图中可以看出,在这片区域呈现西高东低的趋势,并且海拔落差很大,接近 4500m。因此,这个地区的扰动重力信息非常丰富,可以作为一个比较好的试验区域。本书将 EGM2008 位系数模型作为真实场源,并将该模型作为检核构造的点质量模型的外符合标准。

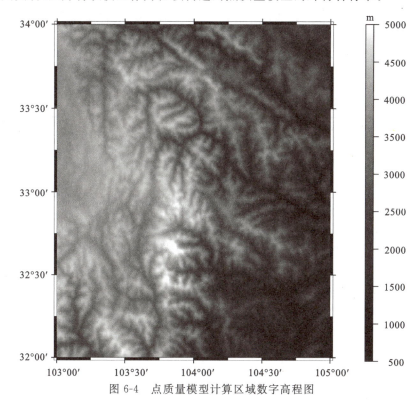

图 6-4 点质量模型计算区域数字高程图

利用点质量模型进行试验,点质量分组情况及采用最小二乘原理(D 组点质量)计算结果见表 6-9,计算过程中,由于低频部分变化明显,书中采用了点质量组和观测量的点数相等的准则,这样,他们所对应的球面坐标相同,构造的 A 矩阵趋于主对角占优,稳定性得到保证,从而有利于矩阵的求逆。D 组的点质量数量比观测量少,为了构造稳定的 A 矩阵,需要使点质量组的球坐标和观测量的球坐标相同,因此点质量间隔选择是观测量间隔的 2 倍。表 6-9 中的均方差和最大值是计算公式(6-6)后的统计结果,从表中可以看出,由于系数矩阵的稳定性很好,拟合的均方差很小,D 组点质量的均方差和最大值明显增大,由于方程的解是有保障的,因此造成这些差异的根源是这一地区的高频扰动点质量的影响。

表 6-9 点质量模型分组试验

异常间隔	范围	数量	分组	点质量间隔	R_B(km)	均方差(mGal)	最大值(mGal)
$1°×1°$	$20°×20°$	400	A	$1°×1°$	6 278	$0.322\ 3×10^{-12}$	$0.177\ 8×10^{-11}$
$20'×20'$	$6°×6°$	324	B	$20'×20'$	6 328	$0.466\ 6×10^{-11}$	$0.179\ 2×10^{-10}$
$5'×5'$	$2°×2°$	576	C	$5'×5'$	6 363	$0.207\ 8×10^{-10}$	$0.926\ 0×10^{-10}$
$2'×2'$	$2°×2°$	3600	D	$4'×4'$	6 375	0.187 2	0.918 6

利用点质量模型计算弹道扰动引力的截断误差,根据 Nystquest 与位系数模型的关系,A、B、C 和 D 组点质量模型相应的扰动引力场模型最高阶次分别为 180、540、2160 和 5400。根据位系数模型截断误差公式(6-12)和公式(6-14),点质量模型计算外空扰动引力的截断误差高度统计见表 6-10。从表 6-10 和表 3-1 中可以看出,对于我国西部地区来说,假设海拔高度为 1km,要使模型截断误差优于 4mGal,至少具备 C 组点质量模型的分辨率,则重力观测数据的分辨率要达到 $5'×5'$。

表 6-10 点质量模型截断误差

分组	模型最高阶	高度(km)	径向截断误差(mGal)	水平方向截断误差(mGal)
EGM	36	400	0.50	0.50
A	180	100	0.50	0.50
B	540	35	0.49	0.49
C	2160	6	0.48	0.48
D	5400	0.2	0.18	0.18

这个试验是以高阶次位系数模型计算的重力异常为观测值,因此去掉了观测误差,实际应用中不仅有观测误差,还有相应的格网归算误差。通过在计算机 3 上试验,计算单个点的扰动重力,统计结果见表 6-11。从表中可以看出,高阶次位模型运算所用时间达到 927.500ms,而 36 阶次位模型运算只需要 0.030ms,说明高阶次位模型的计算量随着阶次成几何级增长,采用点质量模型计算的速度与采用重力场位模型的速度相比具有很大优势。

第六章 基于点质量模型的数值逼近理论

表 6-11 两种模型计算速度

模型	2190 阶次位模型	点质量模型				
		36 阶次位模型	A 组	B 组	C 组	D 组
时间(ms)	927.500	0.030	0.160	0.130	0.250	0.360
合计(ms)	927.500	0.930				

图 6-5 是 36 阶次位系数模型和高阶次位系数模型计算的扰动重力在径向上的差异，计算的分辨率是 $30''\times 30''$，数值范围在 $0.00\sim99.77$mGal，说明重力场模型的截断误差是非常大的。图 6-6 中，左图是 36 阶次位系数模型和 A 组点质量模型计算的扰动重力与高阶次位系数模型计算的扰动重力在径向上的差异，数值范围在 $0.00\sim75.26$mGal，相对于采用低频重力场模型，模型的截断误差已经有所改善；图 6-6 中，右图是 36 阶次位系数模型和 A 组、B 组点质量模型计算的扰动重力与高阶次位系数模型计算的扰动重力在径向上的差异，数值范围在 $0.00\sim25.92$mGal。图 6-7 中，左图是 36 阶次位系数模型和 A 组、B 组及 C 组点质量模型计算的扰动重力与高阶次位系数模型计算的扰动重力在径向上的差异，数值范围在 $0.00\sim1.83$mGal，此时的截断误差已经比较小；图 6-7 中，右图是 36 阶次位系数模型和 A 组、B 组、C 组和 D 组点质量模型计算的扰动重力与高阶次位系数模型计算的扰动重力在径向上的差异，数值范围在 $0.00\sim1.66$mGal，这一区域大部分截断误差都小于 1.00mGal。从图 6-7 中我们可以看出，点质量模型分为 4 组，相对于 3 组，提高的精度有限，但是计算量却增加了不少。由于计算区域是在地势比较复杂的区域，在我国比较平坦的区域，不需要采用更高分辨率的重力场模型来逼近重力场。

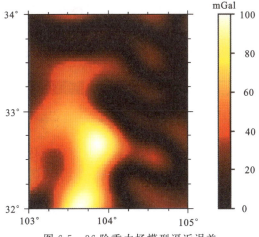

图 6-5 36 阶重力场模型逼近误差

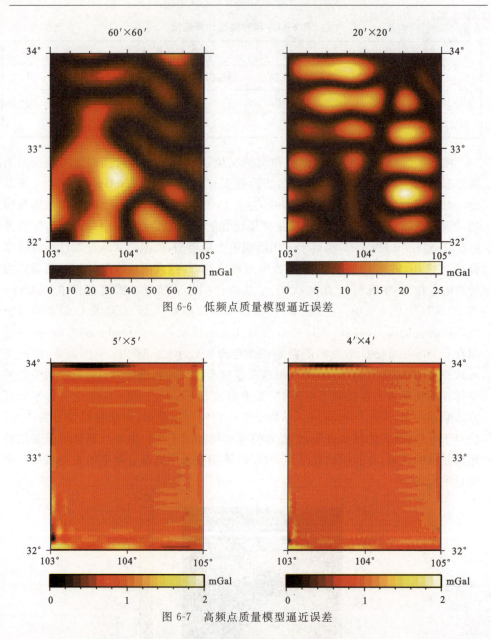

图 6-6 低频点质量模型逼近误差

图 6-7 高频点质量模型逼近误差

逼近区域的周围扰动点质量会限制逼近模型的使用范围(张小林等,2009)。为了分析点质量模型的有效范围,用点质量模型计算了30°~36°N和101°~107°E区域的扰动重力和高阶次重力场模型的差异,见图6-8。从图中可以看出,使用高频逼近的重力场在所逼近的区域内是有保证的,但是随着区域的扩大,截断误差也越来越大,试验区域的截断误差最大达到 79.85mGal。因此点质量模型的适用范围只能在所逼近的区域,周围扰动点质量对重力场的影响是不可以忽略的,如果要扩大使用范围,就必须扩大数值逼近范围。

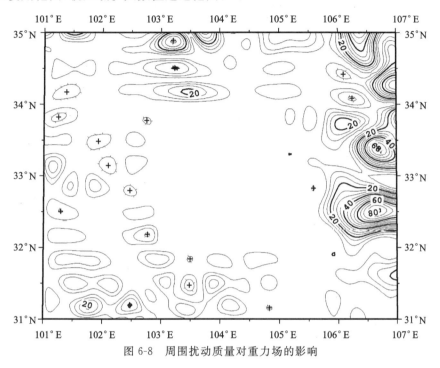

图 6-8　周围扰动质量对重力场的影响

采用以上方案得到的模型计算了一空间飞行器轨道上的扰动引力,起始点在 (103.375°E,32.273°N),计算结果如图 6-9 和图 6-10 所示(Tz 是径向扰动引力,Tx 是南北方向,Ty 是东西方向),图 6-9 中的 EGM 图是 36 阶次位系数模型计算的扰动重力各分量随高度变化的趋势图,扰动量在 20mGal 以内,主要因为它是低频扰动量,高度对其影响相对较小。从图中可以看出,在径向和南北方向的分量变化比较缓慢,200km 范围内的变化不到 2mGal;图 6-9 中的 A 图是 A 组点质量模型计算的扰动重力各分量随高度变化的趋势图,数值范围在－15～15mGal;图 6-9 中的 B 图是 B 点质量模型计算的扰动重力各分量随高度变化的趋势图,数值变化范围在－5～25mGal;图 6-9 中的 C 图是 C 组点质量模型计算的扰动重力各分量随高度变化的趋势图,变化范围在－5～4mGal,从图 6-9 中这些图中可以看出,对空间高度的敏感度,随着点质量组频率的增加而增加,尤其是 C 组点质量组,在 50km 以上高空,对扰动引力的计算几乎没有什么贡献了。随着高度的增加,点质量组计算的扰动重力各分量逐渐趋近于 0。

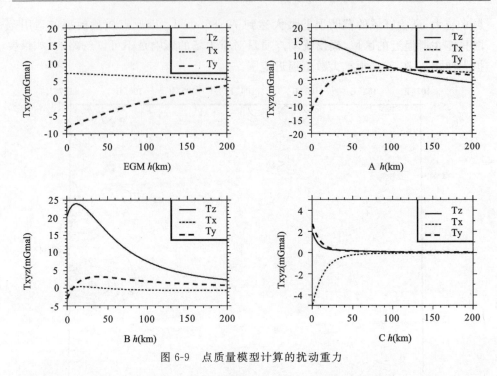

图 6-9　点质量模型计算的扰动重力

图 6-10 是 D 组点质量模型计算的扰动重力各分量随高度变化的趋势图，数值变化范围在 $-0.005\sim0.004$ mGal，由此可以看出 D 点质量模型对计算扰动引力的贡献很小。

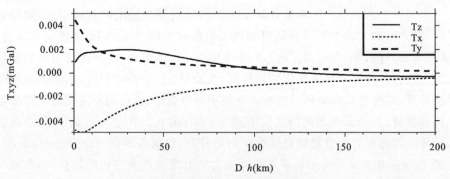

图 6-10　D 组点质量模型计算的扰动重力

为反映点质量对周围扰动引力的贡献，利用 C 组和 B 组的点质量计算了一定区域范围内径向上的扰动引力，在高度上分别计算了距离地面 0km、10km 和 20km 的区域的扰动引力。计算结果如图 6-11～图 6-16 所示。

图 6-11~图 6-13 是 C 组点质量模型分别对地面、10km 高空和 20km 高空各区域的贡献,图中的等高线范围为 $-5\sim 5$mGal,等分线为 1mGal,黑色线框为逼近区域。从图中可以看出,C 组点质量对周围区域扰动引力的影响可以超过 5mGal,在该区域 $0.5°$(约 55km)以外的影响小于 1mGal。C 组点质量在 10km 高空区域,对周围的扰动引力影响基本小于 5mGal,在 20km 高空区域的影响小于 2mGal。

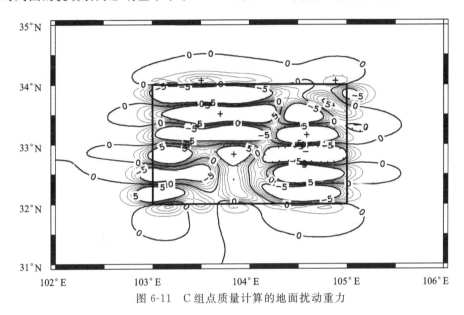

图 6-11 C 组点质量计算的地面扰动重力

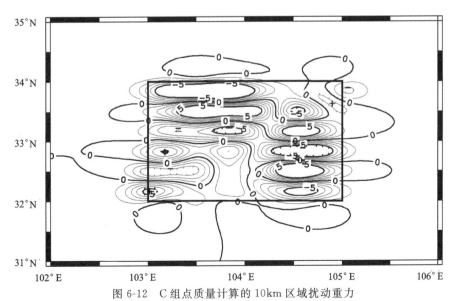

图 6-12 C 组点质量计算的 10km 区域扰动重力

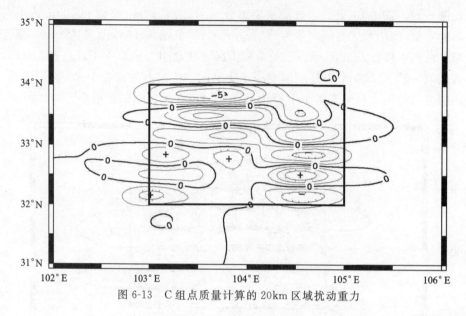

图 6-13 C 组点质量计算的 20km 区域扰动重力

图 6-14～图 6-16 是 B 组点质量模型分别对地面、10km 高空和 20km 高空各区域的贡献，图中的等高线范围也为 $-5\sim5$mGal，等分线为 1mGal，黑色线框为逼近区域。从图中可以看出，B 组点质量对周围区域扰动引力的影响远远超过 5mGal，在该区域 1°（约 110km）以外的影响小于 1mGal。C 组点质量在 10km 以及 20km 高空区域，对周围的扰动引力影响基本也超过 5mGal。

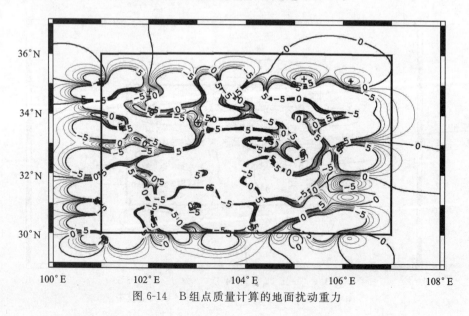

图 6-14 B 组点质量计算的地面扰动重力

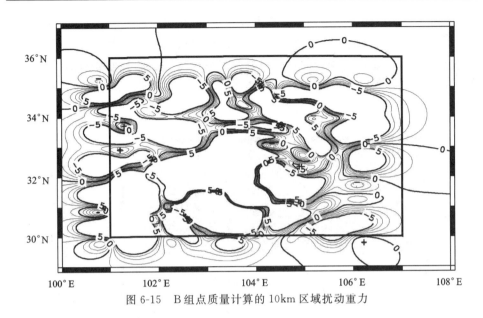

图 6-15　B组点质量计算的10km区域扰动重力

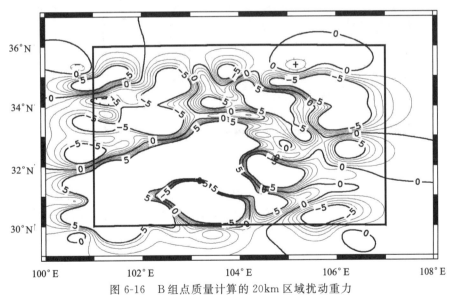

图 6-16　B组点质量计算的20km区域扰动重力

由于点质量组对周围区域扰动引力有较大影响,因此当需要计算逼近边缘区域以及逼近区域附近区域的扰动引力时,需要考虑临近区域的地球物理环境。但是点质量模型的逼近是有物质假设的,并且解算的时候是整体解算,如果分块计算了各区域的扰动点质量,由于各区域内以及边缘区域的逼近误差都比较小,而相邻区域点质量对该边缘区域的影响又较大,因此进行互相叠加可能会导致误差增加。在相同的 36 阶次位模型、A 组点质量和 B 组点质量模型下解算了 4 块 C 组点质量,对这 4 块点质量解算得到的扰动引力叠加后得到的径向误差分布如图 6-17 所示。从图中可以看出,在各逼近边缘的结合处误差有明显的增加,在各个逼近区域内部以及其他边缘部分误差反而较小。

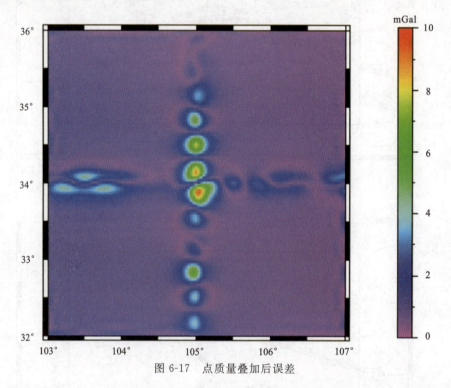

图 6-17 点质量叠加后误差

为了去掉边缘结合处的误差,可以分别计算 4 块区域的扰动引力,得到的误差分布如图 6-18 所示。从图中可以看出,分块计算 C 组点质量误差优于 2mGal。由于每次计算 C 组点质量时只是增加了几个逻辑判断,却减少了大量的其他区域点质量的计算,有利于提高计算速度。利用 C 组点质量叠加计算一点扰动引力需要 0.990ms,而分块计算仅需要 0.250ms。

第四节 重力归算

点质量模型估计地形效应的影响,本书的重力异常是在一个球面上的,实际应用需要进行重力归算(Omang et al,2000)。局部地形改正对重力异常影响也是不

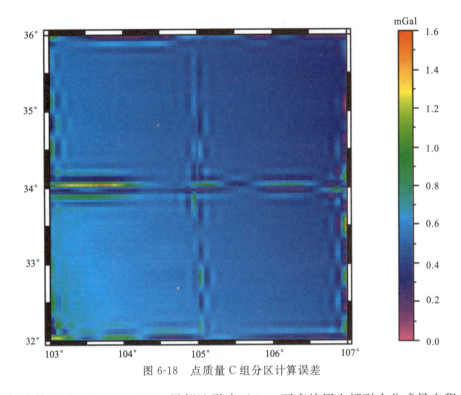

图 6-18　点质量 C 组分区计算误差

可忽略的(Bajracharya,2003),局部地形改正 δg_{TC} 可直接用牛顿引力公式导出积分公式,计算限定于以计算点 P 为中心的一个方块(或者球冠)范围内,设置一个直角坐标系,原点设置在平均海面,Z 轴为铅垂线方向指向地球外部,X 轴指向北,Y 轴指向东。在图 6-19 中,低于 P 点高程面下方至地形表面的"虚拟"物质,当不估计大气质量时,密度为零。

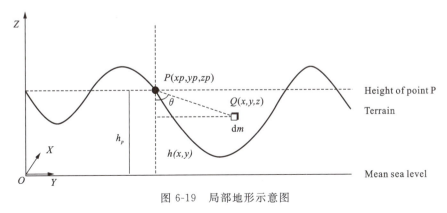

图 6-19　局部地形示意图

局部地形质量中任意一点 $Q(x,y,z)$ 的质元对 P 点单位质量的引力加速度在垂线上的分量 δg_Q 在局部地形改正公式可写为：

$$\delta g_Q = \frac{\mathrm{d}m}{r^2}\cos\theta \tag{6-14}$$

式中，$r = \sqrt{(x-x_p)^2+(y-y_p)^2+(z-z_p)^2}$，$\mathrm{d}m = G\rho_0\mathrm{d}x\mathrm{d}y\mathrm{d}z$，$G = 6.67259 \times 10^{-11}\mathrm{m/s^2 \cdot kg}$ 为万有引力常数，ρ_0 为地壳密度，一般采用 $\rho_0 = 2.67\mathrm{g/cm^3}$，$\cos\theta = \dfrac{z-z_p}{r}$，则局部地形改正的积分形式（Sideris，1985）为：

$$\delta g_{TC} = G\rho_0 \iiint_\sigma \int_{z_p}^z \frac{z-z_p}{r^3}\mathrm{d}z\mathrm{d}\sigma \tag{6-15}$$

式中，$\mathrm{d}\sigma = \mathrm{d}x\mathrm{d}y$，$z_p = h(x_p,y_p)$，$z = h(x,y)$ 由于：

$$\int_{z_p}^z \frac{z-z_p}{r^3}\mathrm{d}z = \frac{1}{\sqrt{(x-x_p)^2+(y-y_p)^2}} - \frac{1}{r} \tag{6-16}$$

则上式可写为：

$$\int_{z_p}^z \frac{z-z_p}{r^3}\mathrm{d}z = \frac{1}{r_0}\left[1-\sqrt{1+\left(\frac{\Delta h}{r_0}\right)^2}\right] \tag{6-17}$$

式中，$r_0 = \sqrt{(x-x_p)^2+(y-y_p)^2}$，$\Delta h = h-h_p$。将公式（6-17）代入公式（6-15）得：

$$\delta g_{TC} = G\rho_0 \iint_\sigma \frac{1}{r_0}\left[1-\sqrt{1+\left(\frac{\Delta h}{r_0}\right)^2}\right]\mathrm{d}\sigma \tag{6-18}$$

利用 SRTM 地形数据通过上式计算了两个地区的局部地形改正值。这两个区域一个地势较高，设为 A 区，一个相对较低，设为 B 区。计算任一点重力异常的局部地形改正的区域面积为 200km×200km，地形单位为 200m×200m，对于中心点积分的奇异性问题，采用将地形单元重新划分为 100m×100m，使新地形单元的中心位置偏离中心点。试验采用的地形数据范围如图 6-20 所示，A 图海拔较高，有高山和平原，总体落差较大，最高可达 5 000m；B 图海拔相对较低，以平原为主，有部分山脉，最高落差可达 2 500m。利用公式（6-18）计算的局部地形改正结果如图 6-21 所示，从图 6-20 和图 6-21 中可以发现，地形改正分布和地形分布具有较强的相似性；地势复杂区域的地形改正值较大，最大值接近 80mGal，地势平缓区域的改正值较小，地势复杂区域的地形改正数值明显比地势平缓区域的地形改正大很多。从图 6-20 和图 6-21 中还可以看出，尽管 A 区域的海拔较高，但是由于较大面积的平缓地势主要在北部区域，地形改正小于 10mGal 的分布面积比 B 区域大。关于地形改正的更多介绍，可参考相关文献（李建成等，2003；Wellenhof et al，2006）。

第六章 基于点质量模型的数值逼近理论

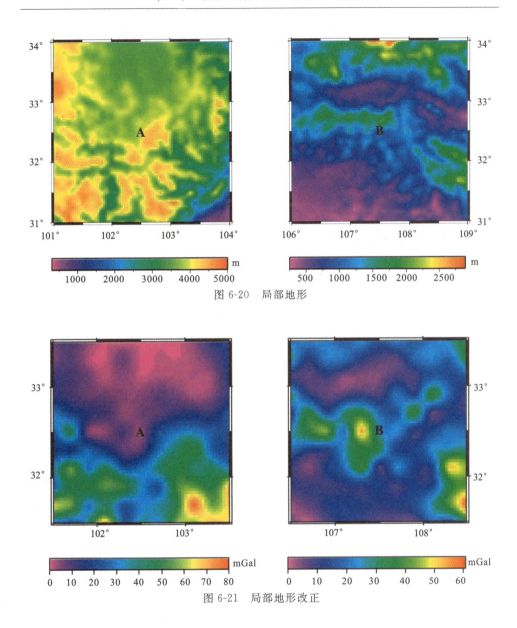

图 6-20 局部地形

图 6-21 局部地形改正

第五节 重力延拓

由于现代观测技术的发展,重力数据多种多样,但是我们有时需要获取特定位置的重力数据,这时需要对重力进行延拓,对于重力延拓的研究,可参考相关的文献(Hwang et al,2007;Martinec,1996)。假定在 Bjerhammar 球面上有连续分布的重力异常,在图 6-1 中的 Bjerhammar 球面为边界的第三边值问题基础上,重力延拓的计算公式为:

$$\Delta g = \frac{R_B^2}{4\pi r} \iint_\sigma \Delta g^* \left(\frac{r^2 - R_B^2}{l^3}\right) d\sigma, l = \sqrt{R_B^2 + r^2 - 2R_B r \cos\psi} \qquad (6-19)$$

上式的解目前还没有 Poisson 逆算子的封闭公式,可采用迭代法或将这一积分方程离散化,近似转化成一个线性方程组求解。以迭代法作为试验,上式可改写为:

$$\Delta g_P = \frac{t^2(1-t^2)}{4\pi} \iint_\sigma \frac{\Delta g_{Q'}^*}{D_{PQ'}^3} d\sigma \qquad (6-20)$$

式中,下标 P 为计算点,Q' 为 σ 面上的积分面元流动点,$D_{PQ'} = l_{PQ'}/r_p$。利用直接积分法可得以下积分:

$$t^2 \Delta g_{P'}^* = \frac{t^2(1-t^2)\Delta g_{P'}^*}{4\pi} \iint_\sigma \frac{1}{D_{PQ'}^3} d\sigma = \frac{t^2(1-t^2)}{4\pi} \iint_\sigma \frac{\Delta g_{P'}^*}{D_{PQ'}^3} d\sigma \qquad (6-21)$$

上式中,$\Delta g_{P'}^*$ 为定值,将式(6-21)减去式(6-20),经移项整理得:

$$\Delta g_{P'}^* = \frac{\Delta g_P}{t^2} - \frac{(1-t^2)}{4\pi} \iint_\sigma \frac{\Delta g_{Q'}^* - \Delta g_{P'}^*}{D_{PQ'}^3} d\sigma \qquad (6-22)$$

上式即为求解 $\Delta g_{P'}^*$ 的迭代计算公式,取初始值:

$$\Delta g_{P'}^{*(0)} = \Delta g_P, \Delta g_{Q'}^{*(0)} = \Delta g_Q \qquad (6-23)$$

迭代格式为:

$$\Delta g_{P'}^{*(k)} = \frac{\Delta g_P}{t^2} - \frac{(1-t^2)}{4\pi} \iint_\sigma \frac{\Delta g_{Q'}^{*(k-1)} - \Delta g_{P'}^{*(k-1)}}{D_{PQ'}^3} d\sigma, k > 0 \qquad (6-24)$$

当 $k=n$ 满足 $|\Delta g_{P'}^{*(n)} - \Delta g_{P'}^{*(n-1)}| < \varepsilon, \varepsilon > 0$,为给定限差,则 $\Delta g_{P'}^* = \Delta g_{P'}^{*(n)}$ 为所求结果。有试验研究表明,计算区半径为 $1° \sim 2°$,$\varepsilon = 0.1\text{mGal}$,则平坦地区 $n = 1:3$,高山地区 $n=5:10$。

试验计算了两个地区的重力延拓,区域位置同重力归算中的两个区域相同,分别为 A 区和 B 区。两个区域均为 $4°\times 4°$ 的方块区域,计算结果如图 6-22、图 6-23 所示,图 6-23 中的(a)图为地面重力值,(b)图为向下延拓值。从图中可以看出,A 区的重力异常比 B 区的重力异常范围要大,原因是 A 区的地形海拔落差比 B 区的大。两个区域的延拓迭代计算统计见表 6-12,要达到限差要求,A 区需要迭代计算 13 次,B 区迭代计算 7 次。

第六章 基于点质量模型的数值逼近理论

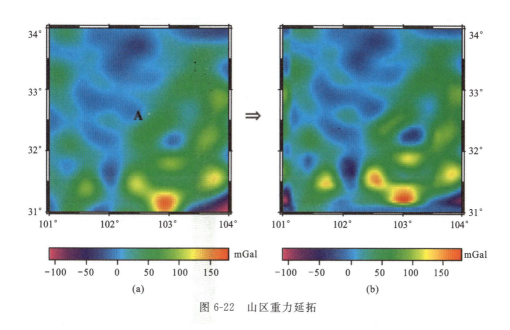

图 6-22 山区重力延拓

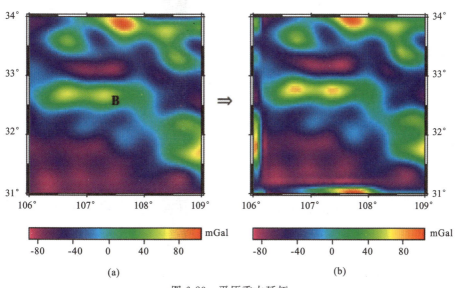

图 6-23 平原重力延拓

表 6-12 迭代计算统计

迭代次数	迭代计算过程的 ε(mGal)	
	A 区	B 区
1	18.262	10.990
2	8.704	3.827
3	4.400	1.633
4	2.449	0.731
5	1.478	0.339
6	0.929	0.161
7	0.604	0.078
8	0.404	
9	0.280	
10	0.205	
11	0.153	
12	0.116	
13	0.088	

第六节 小 结

点质量模型理论是研究区域重力场的一个非常重要的方法,点质量模型方法的核函数结构简单,计算速度快,在低空区域计算时不会出现奇异性,点质量组的可叠加性可以更好地对扰动引力场进行分频段计算。点质量模型的构造是基于 Bjerhammar 边值问题理论,存在地球物理环境的假设,不同区域的点质量组分块叠加会增加边缘部分的误差,要增加逼近区域范围,一种方法是将逼近区域扩大,但是这样会增加计算量,减少计算速度。另一种方法是将最上层点质量分块解算后分块计算,这种方法在增加逼近范围的同时并不影响计算扰动引力的速度。在我国地势复杂区域海拔一般高于 1km,采用点质量模型逼近区域重力场要达到优于 4mGal,重力数据分辨率要达到 $5'\times 5'$。点质量模型的边界面在球面上时,观测值的获取需要重力归算和延拓，重力归算需要考虑地形的影响。重力延拓精度与积分单元积分区域的选择有关，区域不宜过大。同位系数模型一样，由于计算环境的限制，利用点质量模型实现对弹道积分快速赋值，在计算精度和速度上都无法满足要求。因此利用点质量模型快速计算扰动引力适合在导弹发射前的准备阶段，它比位系数模型的计算速度更快，同时更容易建立局部重力场模型。

第七章 函数快速赋值方法

第一节 多项式拟合

用点质量模型计算弹道扰动引力方法虽然在计算速度上已经有了很大的提高,但是由于要存储的数据很多,仅 36 位阶次重力场位模型位系数的数据已经达到 1 400 个,每次计算还要存储缔合勒让德函数的数值。点质量分组的数据也是一个比较庞大的数据,如按试验数据计算,A、B 和 C 组点质量达到了 1 300 个,因此,点质量模型计算弹道扰动引力无法满足内存小的需要。采用多项式进行函数拟合弹道扰动引力(赵东明,2009;张嵎等,2007),不仅可以简化模型而且可以提高计算速度。由于地球外部空间扰动引力在不同的高度范围内的变化是不同的,因此需要采用分段拟合扰动引力。拟合多项式的形式(徐士良,1995)为:

$$P_n = f_0 + f_1(x - \overline{x}) + f_2(x - \overline{x})^2 + \cdots + f_n(x - \overline{x})^n \tag{7-1}$$

式中,f_i 为拟合多项式系数,x 为自变量,本书以拟合点高度表示,$\overline{x}$ 为拟合点的自变量的平均值,目的是防止计算过程中运算溢出。因此,一个 n 拟合多项式需要存储 $n+2$ 个变量。为了避免龙格现象的出现,拟合多项式最大次数设为 6。以径向扰动引力作为试验数据,试验方案及统计结果见表 7-1,从表中可以看出,为了使逼近误差优于 0.5mGal,弹道分段不得少于两段,拟合次数需大于 4 次。

表 7-1 多项式拟合逼近扰动引力统计

方案	分段	拟合次数	高度(km)	标准差(mGal)	最大差值(mGal)
1	1 段	4	0~400	1.80	7.34
		6	0~400	0.67	1.95
2	2 段	2	0~100	1.64	5.04
			100~400	0.88	2.68
		4	0~100	0.11	0.26
			100~400	0.07	0.16
		6	0~100	0.03	0.06
			100~400	0.03	0.05

续表 7-1

方案	分段	拟合次数	高度(km)	标准差(mGal)	最大差值(mGal)
3	4 段	2	0~50	0.54	1.40
			50~100	0.03	0.08
			100~200	0.11	0.28
			200~400	0.08	0.23
		4	0~50	0.03	0.05
			50~100	0.03	0.06
			100~200	0.03	0.07
			200~400	0.03	0.06
		6	0~50	0.03	0.05
			50~100	0.03	0.05
			100~200	0.03	0.06
			200~400	0.03	0.05

对弹道扰动引力进行多项式拟合,分别采用方案 1 中的 6 次多项式,方案 2 中的 4 次多项式和方案 3 中的 6 次多项式进行拟合,结果如图 7-1 所示,由表 7-1 的数值统计结果可以认为,方案 3 中的 6 次多项式拟合和模型计算结果相同。从图 7-1 中可以看出,3 种方案在整体趋势上趋于一致,方案 2 中的 4 次多项式计算结果和方案 3 中的 6 次多项式拟合基本吻合,方案 1 中的 6 次多项式和方案 3 中的 6 次多项式拟合存在不小的差异,尤其是在径向方向上的两端,差异值接近 2mGal。

以方案 3 中的 6 次多项式拟合弹道扰动引力,存储数据为 96 个浮点数据,混合运算次数少于 100 次(4 次逻辑运算、21 次乘法运算、21 次幂数运算和 48 次加法运算)。在计算机 3 上运行时间为 0.000 79ms,同点质量模型逼近相比,计算速度提高了 3 个数量级。利用分段多项式拟合实现扰动引力的快速赋值存在一个分段的问题和多项式次数的选择问题,如何选择一个最佳的分段标准以及确定最佳的多项式次数是一个比较困难的问题。由于它的计算速度很快,因此我们可以优先考虑它需要的内存最少为最优。同时选择这个方法的一个先决条件是需要确定多项式拟合精度,在拟合精度下该方法需要的最少内存为最优分段和最佳多项式拟合次数。为避免龙格现象,多项式拟合次数不宜过多,因此我们可以先确定分段,然后再确定多项式的次数。由于地球外部地面区域的扰动引力高频变化剧烈,并且这些高频信息随着高度的增加迅速衰减,因此一个比较好的选择是将地面部分

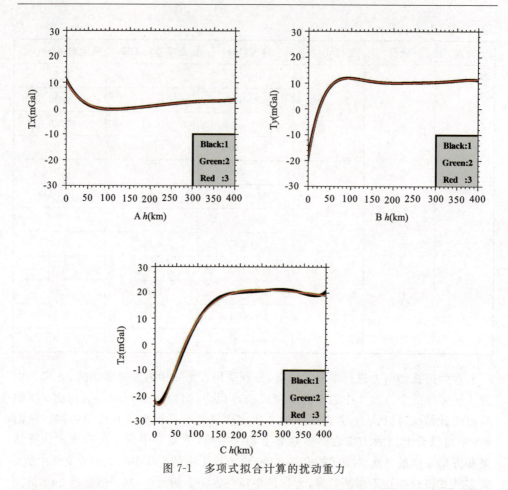

图 7-1 多项式拟合计算的扰动重力

和高空区域分离,假设 100km 以上区域为高空区域。这样弹道至少分为两段:低空区域和高空区域。在每段弹道上利用最小次的多项式拟合扰动引力,如果 6 次多项式拟合扰动引力的精度达不到要求,则采用二分法对弹道进行分段拟合,直至达到拟合要求。

第二节 B 样条逼近算法

无论是分层点质量模型还是多项式拟合,都是数值逼近的问题。点质量模型逼近效果很好,但是存储的数据量大,计算次数多,应用多项式拟合,通过简单的四则运算就可以达到逼近的效果。多项式拟合的缺点是,函数一点的性质就决定了函数的全域的性质,如果拟合点出现较大的误差,整个多项式拟合都受到影响;多项式拟合的次数过高时会出现龙格现象,数值稳定性不好,多项式拟合的次数过低时,拟合精度很难达到要求。样条函数是现代数值计算分析中十分重要的工具,它最初指放样工人或绘图员借助样条和压铁绘制的曲线。这种曲线,在数学上典型的拟合函数就是分段多项式。样条函数在同类分段多项式中光滑性最好,本书以三次等距 B 样条函数(郑慧娆等,2002)对扰动引力进行插值。

一、三次 B 样条函数

把逼近区间 $[a,b]$ 进行划分,$\Delta: a = x_0 < x_1 < \cdots < x_n = b$,首先引进截断幂函数:

$$x_+^m = \begin{cases} x^m & x \geqslant 0 \\ 0 & x < 0 \end{cases} \tag{7-2}$$

式中,m 为正整数。

对区间 $[a,b]$ 的划分 Δ 进行延拓,$x_{-m} < \cdots < x_0 < \cdots < x_n < \cdots < x_{n+m}$。B 样条函数的形式(郑咸义,2008)为:

$$B_{j,m}(x) = (x_j - x_{j-m-1}) \sum_{k=j-m-1}^{j} \frac{(x_k - x)_+^m}{\omega'_{m+2,j}(x_k)} \tag{7-3}$$

式中,$\omega_{m+2,j}(x) = \prod_{i=j-m-1}^{j}(x - x_i)$,因此 $\omega'_{m+2,j}(x_k) = \prod_{i=j-m-1, i \neq k}^{j}(x_k - x_i)$。

三次 B 样条插值函数的表现形式为:

$$S(x) = \sum_{j=1}^{n+3} C_j B_{j,3}(x) \tag{7-4}$$

式中,C_j 为多项式的系数。对于满足一阶导数边界条件的上式的系数对应的线性方程组为:

$$AC = F \tag{7-5}$$

其中,$C = (c_1, c_2, \cdots, c_{n+3})^T$,$F = [f'(x_0), f(x_0), f(x_1), \cdots, f(x_{n-1}), f(x_n), f'(x_n)]^T$,

$$A = \begin{pmatrix} b'_1(x_0) & b'_2(x_0) & b'_3(x_0) & 0 & \cdots & 0 & 0 & 0 \\ b_1(x_0) & b_2(x_0) & b_3(x_0) & 0 & \cdots & 0 & 0 & 0 \\ 0 & b_2(x_1) & b_3(x_1) & b_4(x_1) & \cdots & 0 & 0 & 0 \\ 0 & 0 & b_3(x_2) & b_4(x_2) & \cdots & 0 & 0 & 0 \\ 0 & 0 & 0 & b_4(x_3) & \cdots & 0 & 0 & 0 \\ \vdots & \vdots & \vdots & \vdots & & \vdots & \vdots & \vdots \\ 0 & 0 & 0 & 0 & \cdots & b_{n+1}(x_n) & b_{n+2}(x_n) & b_{n+3}(x_n) \\ 0 & 0 & 0 & 0 & \cdots & b'_{n+1}(x_n) & b'_{n+2}(x_n) & b'_{n+3}(x_n) \end{pmatrix},$$

其中 $b_j(x_i) = B_{j,3}(x_i)$,$b'_j(x_i) = B'_{j,3}(x_i)$。

二、三次等距 B 样条函数

三次等距 B 样条函数是 B 样条函数的特殊形式,理论形式更为简单。等距 B 样条函数的表现形式为:

$$S(x) = \sum_{j=-1}^{n+1} C_j \Omega_3(x) \tag{7-6}$$

式中,C_j 为多项式的系数。三次等距基本样条函数 $\Omega_3(x)$ 为:

$$\Omega_3(x) = \begin{cases} \dfrac{1}{6}(3|x|^3 - 6x^2 + 4) & |x| \leq 1 \\ \dfrac{1}{6}(-|x|^3 + 6x^2 - 12|x| + 8) & 1 < |x| \leq 2 \\ 0 & |x| > 2 \end{cases} \tag{7-7}$$

公式(7-7)的图形如图 7-2 所示,它的对称中心在原点,节点距等于 1,直接用它作插值函数是不方便的。方便插值的 B 样条函数,对称中心应该在各个插值节点上,插值节点距离应该等于节点间距。

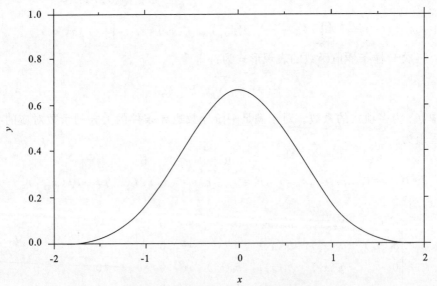

图 7-2 三次等距基本样条函数图形

对区间 $[a,b]$ 做等距分划 Γ 为:

$$\Gamma: x_0 = a, x_n = b, x_j = a + jh, j = 0, 1, \cdots, n, h = \frac{b-a}{n}$$

第七章 函数快速赋值方法

由此对三次等距 B 样条函数 $\Omega_3(x)$ 做变换：

$$\Omega_3(t) = \Omega_3\left(\frac{x-x_j}{h}\right) \tag{7-8}$$

这样，三次 B 样条函数 $\Omega_3(t)$ 的对称中心就变为 x_j，节点距为 h，不为零的区间是 (x_{j-2}, x_{j+2})。

由于对称中心在分划 Γ 上的节点上的三次 B 样条只有 $n+1$ 个，作为基函数还差两个。在边界两端的端点各补充一个基函数：$\Omega_3\left(\frac{x-x_{-1}}{h}\right)$ 和 $\Omega_3\left(\frac{x-x_{n+1}}{h}\right)$。对 B 样条 1 类差值问题求解：

$$\begin{cases} S(x_j) = y_j, j=0,1,\cdots,n \\ S'(x_0) = y'_0, S'(x_n) = y'_n \end{cases} \tag{7-9}$$

将公式(7-9)代入(7-6)可以得到：

$$\begin{cases} \sum_{j=-1}^{n+1} C_j \Omega_3\left(\frac{x-x_j}{h}\right)\Big|_{x_0} = y'_0 \\ \sum_{j=-1}^{n+1} C_j \Omega_3\left(\frac{x-x_j}{h}\right)\Big|_{x_i} = y'_i, i=0,1,\cdots,n \\ \sum_{j=-1}^{n+1} C_j \Omega_3\left(\frac{x-x_j}{h}\right)\Big|_{x_n} = y'_n \end{cases} \tag{7-10}$$

求解方程组(7-10)是不方便的。利用三次 B 样条函数的定义和性质，可以将方程组(7-10)简化为：

$$\begin{cases} C_1 - C_{-1} = 2hy'_0 \\ C_{i-1} + 4C_i + C_{i+1} = 6y_i, i=0,1,\cdots,n \\ C_{n+1} - C_{n-1} = 2hy'_n \end{cases} \tag{7-11}$$

用矩阵表示为：

$$\begin{pmatrix} -1 & 0 & 1 & & & \\ 1 & 4 & 1 & & & \\ & \ddots & \ddots & \ddots & & \\ & & & 1 & 4 & 1 \\ & & & -1 & 0 & 1 \end{pmatrix} \begin{pmatrix} C_{-1} \\ C_0 \\ \vdots \\ C_n \\ C_{n+1} \end{pmatrix} = \begin{pmatrix} 2hy'_0 \\ 6y_0 \\ \vdots \\ 6y_n \\ 2hy'_n \end{pmatrix} \tag{7-12}$$

利用矩阵多项式变换，将上式变换为：

$$\begin{pmatrix} -1 & 0 & 1 & & & \\ & 4 & 2 & & & \\ & \ddots & \ddots & \ddots & & \\ & & & 2 & 4 & 0 \\ & & & -1 & 0 & 1 \end{pmatrix} \begin{pmatrix} C_{-1} \\ C_0 \\ \vdots \\ C_n \\ C_{n+1} \end{pmatrix} = \begin{pmatrix} 2hy'_0 \\ 6y_0 + 2hy'_0 \\ \vdots \\ 6y_n - 2hy'_n \\ 2hy'_n \end{pmatrix} \tag{7-13}$$

上式可化为：

$$\begin{pmatrix} 4 & 2 & & & & \\ 1 & 4 & 1 & & & \\ & \ddots & \ddots & \ddots & & \\ & & 1 & 4 & 1 \\ & & & 2 & 4 \end{pmatrix} \begin{pmatrix} C_0 \\ C_1 \\ \vdots \\ C_{n-1} \\ C_n \end{pmatrix} = \begin{pmatrix} 6y_0 + 2hy_0' \\ 6y_1 \\ \vdots \\ 6y_{n-1} \\ 6y_n - 2hy_n' \end{pmatrix} \quad (7\text{-}14)$$

和

$$\begin{cases} C_1 - C_{-1} = 2hy_0' \\ C_{n+1} - C_{n-1} = 2hy_n' \end{cases} \quad (7\text{-}15)$$

由于方程组(7-14)的系数矩阵是严格对角占优的三对角矩阵，可以利用追赶法(徐士良,1995)求出，再利用公式(7-15)求出剩下的系数。

三次 B 样条一类问题差值计算步骤归纳如下：

(1)求出要插值的节点(x_i, y_i),$(i=0,1,\cdots,n)$,计算步长$h = \dfrac{b-a}{n}$。

(2)利用差商计算 y_0'、y_n' 的近似值。

(3)生成方程组(7-14)的系数矩阵及其右端常数项。

(4)利用追赶法计算系数 $C_0, C_1, \cdots, C_n$。

(5)利用公式(7-15)计算出 C_{-1}, C_{n+1}。

(6)求出要差值点 x 所在区间$[x_i, x_{i+1}]$ ($i = [(x-a)/h]$, $[\ ]$ 为取整数函数)。

(7)计算 $S(x) = \sum\limits_{j=i-1}^{i+2} C_j \Omega_3 \left(\dfrac{x - x_j}{h} \right)$ 作为插值。

三、数值试验

对弹道扰动引力进行三次等距 B 样条函数插值，数值试验条件与多项式拟合扰动引力情况相同。为了选择最优的等距样条插值标准，做了 3 个试验。第一个试验是每 4 km 一个插值节点，整个弹道分为 100 段，扰动引力 3 个方向一共需要存储 309 个系数。计算一次等距 B 样条函数插值需要运行 1 次取整运算、4 次整数加法运算、6 次浮点数加法运算和 6 次浮点数乘法运算、4 次子函数调用计算，在计算机 3 下运行一次需要 0.000 56ms。通过 B 样条插值后数值计算结果和点质量模型计算差异如图 7-3 所示。从图中可以看出，南北方向(A 图)和东西方向(B 图)的插值误差小于 0.05mGal，径向(C 图)误差小于 0.15mGal。

第二个试验是每 10km 一个插值节点，整个弹道分为 40 段，扰动引力 3 个方向一共需要存储 139 个系数。通过 B 样条插值后数值计算结果和点质量模型计算差异如图 7-4 所示。从图中可以看出，南北方向(A 图)和东西方向(B 图)的截断

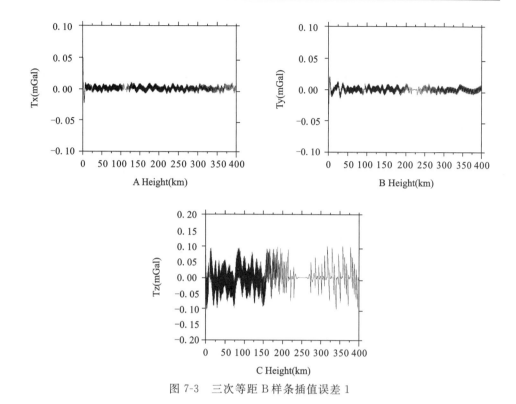

图 7-3 三次等距 B 样条插值误差 1

误差小于 0.4mGal,径向(C 图)误差小于 0.6mGal。

第三个试验是每 20km 一个插值节点,整个弹道分为 20 段,扰动引力 3 个方向一共需要存储 69 个系数。通过 B 样条插值后数值计算结果和点质量模型计算差异如图 7-5 所示。从图中可以看出,南北方向(A 图)和东西方向(B 图)的插值误差在高于 50km 的截断误差小于 0.2mGal,在地面的截断误差达到 0.8mGal,径向(C 图)误差高于 50km 的截断误差小于 0.6mGal,地面附近的截断误差达到 1.5mGal。从图中可以看出,地面附近区域插值效果较差,一方面是由于该区域扰动引力变化剧烈,另一方面是由于在起始点的扰动引力的一阶导数求解精度比较差,影响该区域的插值结果。

通过对 3 个方案的数值试验,可以看出,等距 B 样条插值组合存在一个如何选择最优组合的问题,选择的节点数过多,截断误差较小,但是存储的数据量增加;选择的节点数过少,截断误差较大。由于 B 样条函数的运算次数和节点数关系不大,因此可以认为在达到插值精度的情况下,最少的等距节点为最佳等距 B 样条插值。

由于地球外部扰动引力,距离地面越高,重力异常的频率越低,这意味着扰动引力变化越平缓,将整个弹道采用等距 B 样条插值不用存储每个间距,也更容易寻

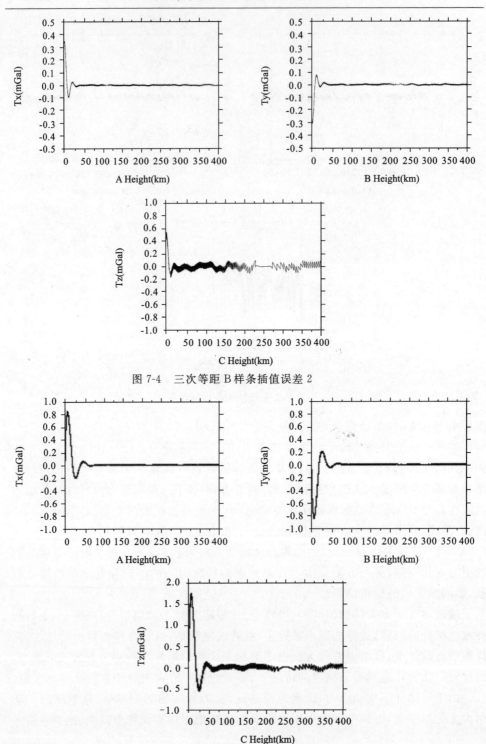

图 7-4 三次等距 B 样条插值误差 2

图 7-5 三次等距 B 样条插值误差 3

找每个点对应的插值区域。但是对整个弹道进行等距离插值,在高空区域没有得到有效优化,同时还存在一个重采样的问题。因此有必要研究三次 B 样条插值弹道扰动引力。对弹道上扰动引力的采样点如图 7-6 所示,在低空区域,点的间隔较小,在高空区域,节点间隔较大。

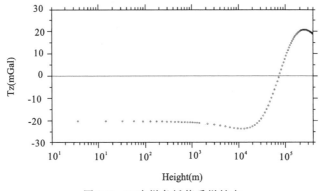

图 7-6　三次样条插值采样结点

上图的插值点一共 100 个,计算的扰动引力径向插值误差如图 7-7 所示。从图中可以看出,尽管插值结点不均匀,但是整个弹道的扰动引力插值误差比较平缓,都小于 0.3mGal。采用三次 B 样条插值可以更好地选择插值结点的间隔,保证整个弹道扰动引力赋值误差的稳定性,难在插值间隔的选择。由于三次 B 样条插值空间的灵活性,最佳样条节点数的选择存在困难。同多项拟合原理一样,我们可以先对整个弹道分为 3 段:低空区域、中高空区域(假设为 200km 以下)和高空区域,采用二分法对各段弹道进行插值拟合,中心点选择它最近的样点,不需要重采样。这样得到的三次样条插值在扰动引力变化剧烈的部分插值节点多,扰动引力变化平缓的部分插值节点少,既满足了精度要求,又不浪费插值节点。

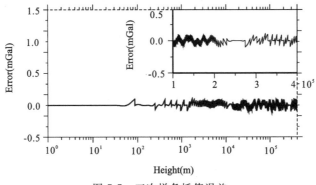

图 7-7　三次样条插值误差

真实弹道和标准弹道是有差异的,由于在水平方向上,尤其在高空地区,这些差异体现在球坐标上是很小的,因此,仅做了在高度不同情况下使用B样条插值的计算结果,试验方案为将高度乘以一个常系数,分别为1.02和1.05,这样在高空100km的地方,真实弹道和标准弹道在高度上分别相差2km和5km(实际应用中是不可能这么大的),计算结果如图7-8和图7-9所示。从图7-8中可以看出,这些差异值在低空区域的变化比较明显,在100km高空处,弹道和标准弹道相差2km,此时的扰动引力值变化不到0.5mGal。从图中可以看出径向误差最大,达到0.6mGal,这在实际应用中依然可以满足要求。

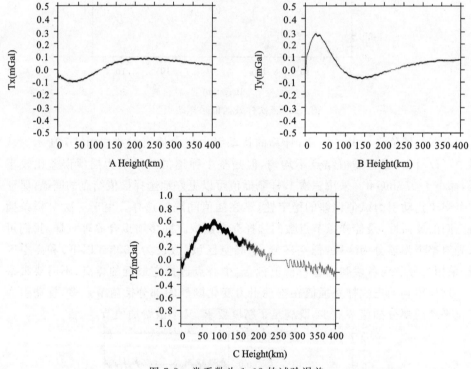

图7-8 常系数为1.02的试验误差

图7-9的扰动引力差值变化比图7-8的明显增大。这些差异值在200km以下区域的变化比较明显。在100km高空处弹道和标准弹道相差5km,此时的扰动引力值变化在径向上差值达到1.5mGal。因此当真实弹道和标准弹道相差较大时,正常引力远超过这个数量级,实际使用时需要考虑这种方法的适用范围。

本章研究了采用函数方法实现扰动引力快速赋值问题。采用多项式拟合计算时一般分段大于2,多项式次数大于4次就能较高精度地逼近重力场。将点质量模型同多项式拟合或样条函数逼近相结合,可以实现弹道积分的快速赋值,试验结果

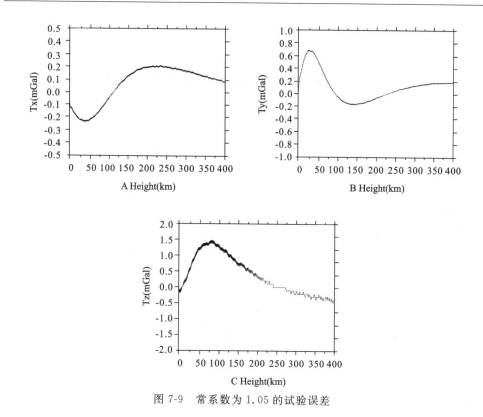

图 7-9　常系数为 1.05 的试验误差

表明:将主动弹道分为 3 段,采用 4 次多项式拟合,所用内存不超过 100 个浮点数,整个弹道的拟合误差就可以优于 0.5mGal;采用三次等距 B 样条函数逼近时选择节点数应该在 20~100,这样可以保证扰动引力的逼近精度,同时对计算机的内存要求也不高。若将整个弹道分为 50 个节点,样条系数为 159 个,插值误差优于 0.5mGal,采用非等距 B 样条插值可以更好地估计低空区域和高空区域的扰动重力场特性,但是如何最佳地选择插值节点个数和插值节点间距比较困难。对多项式拟合和样条插值,提出了达到精度要求下的最佳逼近的标准,并探讨了实现的方法。

第八章 数值实验与分析

弹道导弹在发射前,已经建立了标准发射坐标系,其弹道已经选定。导弹发射时的坐标系和标准坐标系是不一致的。标准发射坐标系的建立是以参考椭球法线为基准的,实际使用的发射坐标系是以重力线为基准的。造成两个基准差异的原因是垂线偏差的存在。垂线偏差对弹道的影响,国内外很早就有相关的研究(贾沛然,1983;王明海等,1995;Gore,2014),早期的研究主要集中在垂线偏差的几何影响上,随着研究的深入,发现垂线偏差对弹道的影响还表现在动力学因素。本章分析垂线偏差对弹道的几何影响,并用数值实验模拟垂线偏差对弹道导弹落点偏差的影响。

第一节 垂线偏差对弹道的影响

垂线偏差对导弹落点偏差的影响主要是由于发射坐标系和标准坐标系的差异造成的几何误差、动力学误差和测量偏差(牟志华,2007)。几何误差是不同坐标系下的点的坐标不同,几何误差的大小在于点的位置。动力学误差是导弹飞行过程中,所受的各种动力在坐标系各轴上投影的差异造成的误差。测量偏差是发射点垂线偏差对测站在发射坐标系下的坐标有影响,进而对导弹进行定位时产生的误差。本书仅对几何误差进行研究分析。

由发射坐标系和大地直角坐标系的转化公式(2-6),可以计算出目标点在发射坐标系和标准坐标系中的坐标,两者的差异即为几何偏差。在发射坐标系中,目标点的坐标(x_1,y_1,z_1)为:

$$\begin{pmatrix} x_1 \\ y_1 \\ z_1 \end{pmatrix} = \begin{pmatrix} d_{11} & d_{12} & d_{13} \\ d_{21} & d_{22} & d_{23} \\ d_{31} & d_{32} & d_{33} \end{pmatrix}^T \begin{pmatrix} \Delta x \\ \Delta y \\ \Delta z \end{pmatrix} \qquad (8\text{-}1)$$

式中,$(\Delta x \quad \Delta y \quad \Delta z)^T = (x_e \quad y_e \quad z_e)^T - (x_0 \quad y_0 \quad z_0)^T$,转换矩阵元素的表达式中的参数为天文元素。

在标准坐标系中,目标点的坐标(x_2,y_2,z_2)为:

$$\begin{pmatrix} x_2 \\ y_2 \\ z_2 \end{pmatrix} = \begin{pmatrix} d_{11} & d_{12} & d_{13} \\ d_{21} & d_{22} & d_{23} \\ d_{31} & d_{32} & d_{33} \end{pmatrix}^T \begin{pmatrix} \Delta x \\ \Delta y \\ \Delta z \end{pmatrix} \quad (8\text{-}2)$$

式中转换矩阵元素的表达式中的参数为大地元素。

由于理论和实际应用的坐标系的差异,导致的几何误差为式(8-1)和式(8-2)的结果之差。垂线偏差对目标点的影响可以通过几何误差对各元素的一阶偏导表达。误差传播的严密公式应该顾及大地元素的误差,但是由于标准弹道是以大地元素为准,因此误差传播公式可以直接对公式(8-1)进行求一次偏导获得,公式如下:

$$\begin{pmatrix} \mathrm{d}x \\ \mathrm{d}y \\ \mathrm{d}z \end{pmatrix} = \begin{pmatrix} \frac{\partial d11}{\partial \xi} & \frac{\partial d21}{\partial \xi} & \frac{\partial d31}{\partial \xi} \\ \frac{\partial d12}{\partial \xi} & \frac{\partial d22}{\partial \xi} & \frac{\partial d32}{\partial \xi} \\ \frac{\partial d13}{\partial \xi} & \frac{\partial d23}{\partial \xi} & \frac{\partial d33}{\partial \xi} \end{pmatrix} \mathrm{d}\xi + \begin{pmatrix} \frac{\partial d11}{\partial \eta} & \frac{\partial d21}{\partial \eta} & \frac{\partial d31}{\partial \eta} \\ \frac{\partial d12}{\partial \eta} & \frac{\partial d22}{\partial \eta} & \frac{\partial d32}{\partial \eta} \\ \frac{\partial d13}{\partial \eta} & \frac{\partial d23}{\partial \eta} & \frac{\partial d33}{\partial \eta} \end{pmatrix} \mathrm{d}\eta \begin{pmatrix} \Delta x \\ \Delta y \\ \Delta z \end{pmatrix} \quad (8\text{-}3)$$

上式中的各转换矩阵元素对垂线偏差的偏导可通过导数传播定律获得。由公式(2-7)可得:

$$\frac{\partial d11}{\partial L} = -\cos L \sin A + \sin L \sin B \cos A$$
$$\frac{\partial d11}{\partial B} = -\cos L \cos B \cos A \quad (8\text{-}4)$$
$$\frac{\partial d11}{\partial A} = -\sin L \cos A + \cos L \sin B \sin A$$

$$\frac{\partial d21}{\partial L} = -\sin L \sin A - \cos L \sin B \cos A$$
$$\frac{\partial d21}{\partial B} = -\sin L \cos B \cos A \quad (8\text{-}5)$$
$$\frac{\partial d21}{\partial A} = \cos L \cos A + \sin L \sin B \sin A$$

$$\frac{\partial d31}{\partial L} = 0$$
$$\frac{\partial d31}{\partial B} = -\sin B \cos A \quad (8\text{-}6)$$
$$\frac{\partial d31}{\partial A} = -\cos B \sin A$$

$$\frac{\partial d12}{\partial L} = -\sin L \cos B$$

$$\frac{\partial d12}{\partial B} = -\cos L \sin B \qquad (8-7)$$

$$\frac{\partial d12}{\partial A} = 0$$

$$\frac{\partial d22}{\partial L} = \cos L \cos B$$

$$\frac{\partial d22}{\partial B} = -\sin L \sin B \qquad (8-8)$$

$$\frac{\partial d22}{\partial A} = 0$$

$$\frac{\partial d32}{\partial L} = 0$$

$$\frac{\partial d32}{\partial B} = \cos B \qquad (8-9)$$

$$\frac{\partial d32}{\partial A} = 0$$

$$\frac{\partial d13}{\partial L} = -\cos L \cos A - \sin L \sin B \sin A$$

$$\frac{\partial d13}{\partial B} = -\cos L \sin B \qquad (8-10)$$

$$\frac{\partial d13}{\partial A} = \sin L \sin A + \cos L \sin B \cos A$$

$$\frac{\partial d23}{\partial L} = -\sin L \cos A + \cos L \sin B \sin A$$

$$\frac{\partial d23}{\partial B} = \sin L \cos B \sin A \qquad (8-11)$$

$$\frac{\partial d23}{\partial A} = -\cos L \sin A + \sin L \sin B \cos A$$

$$\frac{\partial d33}{\partial L} = 0$$

$$\frac{\partial d33}{\partial B} = \sin B \sin A \qquad (8-12)$$

$$\frac{\partial d33}{\partial A} = -\cos B \cos A$$

通过公式(8-4)和公式(8-5)我们可以得到大地元素对垂线偏差的一阶导数为：

$$\frac{\partial L}{\partial \xi} = \frac{\eta \sin\varphi}{\cos^2\varphi} \quad \frac{\partial B}{\partial \xi} = -1 \quad \frac{\partial A}{\partial \xi} = \frac{\eta}{\cos\varphi}$$
$$\frac{\partial L}{\partial \eta} = -\sec\varphi \quad \frac{\partial B}{\partial \eta} = 0 \quad \frac{\partial A}{\partial \eta} = -\tan\varphi \tag{8-13}$$

根据导数传播定律,将公式(8-4)～公式(8-13)代入公式(8-3)便得到垂线偏差误差对导弹落点偏差影响的一阶系数项。通过误差传播公式计算的不同射程的误差传播系数如图 8-1 所示,计算的大地方位角为 90°。从图中可以看出,目标点受垂线偏差的影响的几何误差同射程有很大关系。在发射坐标系中,各坐标分量的误差大小同垂线偏差的方向有关。

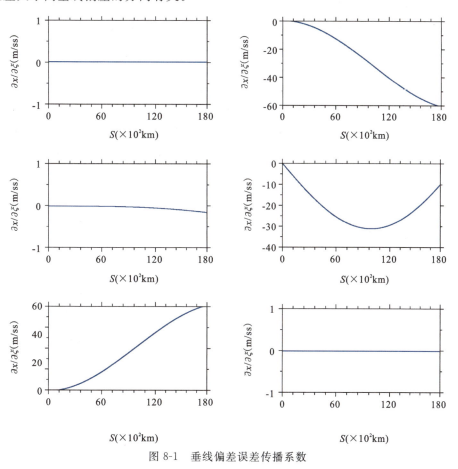

图 8-1　垂线偏差误差传播系数

第二节 垂线偏差数值计算

选择一发射地点,大地方位角为90°。垂线偏差为 $\xi=20''$,$\eta=20''$,对不同射程的目标点做计算分析,结果如图8-2所示,图中的误差均为绝对值,图中的前3个曲线图分别是发射坐标系下的 x、y 和 z 方向上的误差,第4个曲线图是导弹的落点误差值。从图中可以看出,发射坐标系中 x 和 z 方向的偏差随着距离的增加而增加。y 方向上有一个极大值,位置大约在 10 000km 处,距离是地球的半周长,这说明在 y 方向上,垂线偏差对导弹的影响同发射点和目标点的直线距离相关。总体来说,垂线偏差对目标点的几何误差的影响同射程成正比关系,对于 18 000km 的射程,垂线偏差几何因素造成的导弹落点偏差达到 1 700m。从图中可以看出,对于射程超过 1 000km 的导弹,垂线偏差对导弹的影响超过 10m,因此有必要考虑垂线偏差的影响。

针对以上试验,当垂线偏差的两个分量均存在 1″误差时,假定采用的垂线偏差为 $\xi=19''$,$\eta=19''$,则垂线偏差误差对导弹落点偏差的影响如图8-3所示,从图中可以看出,对于 180 000km 的远程导弹,两个分量均为 1″误差的垂线偏差对导弹落点偏差的影响可以达到 85m,因此,为了提高弹道导弹的命中精度,有必要提高垂线偏差的观测精度。

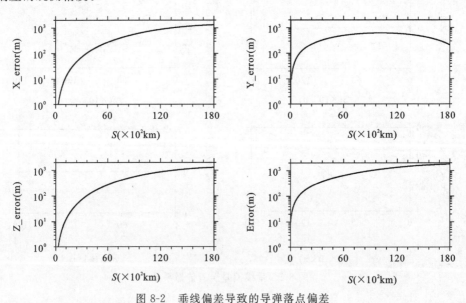

图 8-2 垂线偏差导致的导弹落点偏差

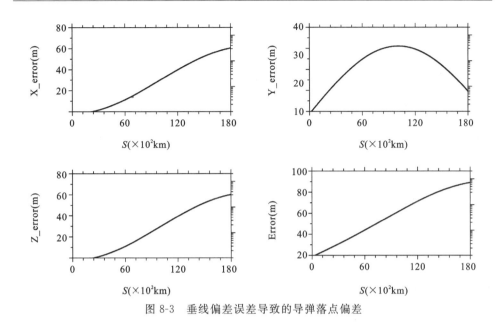

图 8-3 垂线偏差误差导致的导弹落点偏差

第三节 落点偏差试验及分析

当给定导弹的发射位置、设计目标及地理条件、气象条件、弹道条件等时,即可通过导弹运动微分方程解算出一条理论弹道。根据经验分析,最重要的干扰因素是主动段的干扰因素,自由段的干扰因素较小。因此评定主动段的飞行精度是最重要的任务。导弹的弹道不仅取决于导弹的设计参数,还与其所在的地球物理环境紧密相关。试验假设导弹的一组设计参数,利用标准大气模型代替实际大气模型进行仿真试验。

导弹的主要设计参数包括导弹的结构比、地面重推比、地面比推力、发动机高空特性系数和起飞载面负荷。为试验方便,省略一些控制力等因素将弹道微分方程简化,简化的弹道微分方程为:

$$\begin{cases} \dot{x} = v\cos\theta \\ \dot{y} = v\sin\theta \\ \dot{v} = \dfrac{P}{m} - \dfrac{X}{m} - g\sin\theta \\ \dot{m} = (m_0 - m)/t \end{cases} \quad (8\text{-}14)$$

式中,v 为导弹速度,θ 为速度倾角;P 为有效推力;X 为阻力(本书仅考虑大气阻力）；m_0 为火箭在地面的质量；m 为火箭质量。给定起始条件 $t=0, v=0, \theta=90°$，$x=y=0, m=m_0$。速度倾角 θ 的计算公式为：

$$\begin{array}{ll} \theta=90° & 1 \geqslant \mu \geqslant 0.95 \\ \theta=4(90°-\theta_k)(\mu-0.45)^2+\theta_k & 0.95 \geqslant \mu \geqslant 0.45 \\ \theta=\theta_k & 0.45 \geqslant \mu \geqslant \mu_k \end{array} \qquad (8-15)$$

式中，$\mu=\dfrac{m}{m_0}$；θ_k 为导弹主动段终点速度倾角，本书设为 $\theta_k=30°$，为计算参数 Θ_k，需要计算主动段的地心夹角：

$$\beta_k = \arctan \frac{x_k}{R+y_k} \qquad (8-16)$$

则导弹倾角的计算公式为：

$$\Theta_k = \theta_k + \beta_k \qquad (8-17)$$

模拟试验所算得的运载火箭在发射坐标系下的运动轨迹如图 8-4 所示，导弹速度随时间的大小如图 8-5 所示。从图 8-4 可以看出，由于在初始阶段，火箭是垂直上升，x 坐标为零，随着火箭的变轨，x 轴方向的加速度增加，x 坐标迅速增加。主动段终点的坐标为 $x=266\ 256.181\text{m}, y=164\ 077.850\text{m}$，此时火箭速度值 $v=6\ 470.328\ 99\text{ms}^{-2}$。通过公式（8-16）和公式（8-17），得火箭倾角为 $\Theta_k=32.333\ 089\ 689\ 426\ 010\ 7°$，利用公式（8-12）和公式（8-13）可以计算出其被动段射程为：$7\ 214\ 228.438\text{m}$。射程的误差系数为：$\dfrac{\partial L_c}{\partial V_k}=3\ 433.716\ 9\ \text{m/(ms}^{-2})$，$\dfrac{\partial L_c}{\partial r_k}=3.184\ 6\text{m/s}, \dfrac{\partial L_c}{\partial \Theta_k}=-10.019\ 8\text{m/ss}$。为了分析重力误差对弹道的影响，数值积分时分别引入 2mGal 和 10mGal 的误差。2mGal 误差对弹道主动段终点的影响为 $\Delta V_k=-0.013\ 167\text{m/s}, \Delta r_k=-0.333\ 8\text{m}$，则它们对导弹落点偏差大小的影响分别为 45.21m、1.06m。10mGal 误差对弹道主动段终点的影响为 $\Delta V_k=-0.658\ 31\text{m/s}$、$\Delta r_k=-1.669\ 3\text{m}$，则它们对导弹落点偏差大小的影响分别为 $2\ 260.45\text{m}$、5.32m。

为了较全面分析重力误差对导弹落点的影响，假设在 140s 时火箭发动机关闭，此时火箭的坐标为：$x=133\ 246.459, y=87\ 284.651$，此时火箭速度为 $v=3\ 346.225\ 408\text{ms}^{-2}$，通过公式（8-16）和公式（8-17），得火箭倾角为 $\Theta_k=31.181\ 951\ 117\ 499\ 451\ 7°$，利用公式（8-12）和公式（8-13）计算出其被动段射程为：$1\ 307\ 336.179\text{m}$。射程的误差系数为：$\dfrac{\partial L_c}{\partial V_k}=814.938\ 3\ \text{m/(ms}^{-2})$，$\dfrac{\partial L_c}{\partial r_k}=1.565\ 7\text{m/s}, \dfrac{\partial L_c}{\partial \Theta_k}=3.646\ 5\text{m/s}$。同样为了分析重力误差对弹道的影响，数值积分时分别引入 2mGal 和 10mGal 的误差。2mGal 误差对弹道主动段终点的影响为

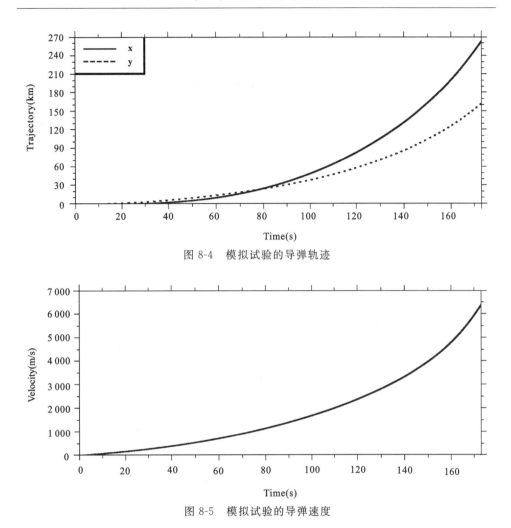

图 8-4　模拟试验的导弹轨迹

图 8-5　模拟试验的导弹速度

$\Delta V_k = -0.006\,809 \text{m/s}$、$\Delta r_k = -0.177\,61\text{m}$,则它们对导弹落点偏差大小的影响分别为 5.55m、0.28m。10mGal 误差对弹道主动段终点的影响为 $\Delta V_k = -0.034\,048\text{m/s}$、$\Delta r_k = -0.888\,06\text{m}$,则它们对导弹落点偏差大小的影响分别为 27.75m、1.39m。

主要参考文献

操华胜,朱灼文,王晓岚.地球重力场的虚拟单层密度表示理论的数字实现[J].测绘学报,1985,14(4):262-272.

陈俊勇.现代低轨卫星对地球重力场探测的实践和进展[J].测绘科学,2002,27(1):8-10.

陈摩西,王明海,王继平,等.基于有限元法的弹上扰动引力快速计算[J].基于有限元法的弹上扰动引力快速计算,2008(4):26-30.

程国采.弹道导弹制导方法与最优控制[M].长沙:国防科技大学出版社,1987.

程芦颖,许厚泽.外空扰动引力计算方法的内在联系[J].测绘学院学报,2003,20(3):161-164.

程雪荣.边值问题的离散解法[J].测绘学报,1984,13(2):122-130.

段晓君.自由段重力异常对弹道导弹精度的影响[J].导弹与航天运载技术,2002,260(6):1-4.

傅容珊.地球重力异常源的深度[J].地壳形变与地震,1983,3(6):19-23.

管泽霖,鄂栋臣.按克林索求和计算大地水准面差距垂线偏差及重力异常[J].武汉测绘科技大学学报,1986,26(4):75-82.

管泽霖,管铮,黄谟涛,等.局部重力场逼近理论与方法[M].北京:测绘出版社,1997.

管泽霖,宁津生.地球形状及外部重力场[M].北京:测绘出版社,1981.

郭俊义.物理大地测量学基础[M].武汉:武汉测绘科技大学出版社,2000.

海斯卡涅 W A,莫里斯 H.物理大地测量学[M].北京:测绘出版社,1979.

黄金水,朱灼文.外部扰动重力场的频谱响应质点模式[J].地球物理学报,1995,(2):182-188.

黄谟涛,管铮.扰动质点模型构制与检验[J].海洋测绘,1995,(2):16-24.

黄谟涛,翟国君,管铮.高斯积分在地球重力场数值计算中的应用[R].天津:天津海洋测绘研究所技术报告,1993.

黄谟涛,翟国君,管铮.关于重力场元计算中积分元和积分域的确定问题[R].天津:天津海洋测绘研究所技术报告,1993.

主要参考文献

黄谟涛. 潜地战略导弹弹道扰动引力计算与研究[D]. 郑州:郑州测绘学院,1991.

贾沛然,陈克俊,何力. 远程火箭弹道学[M]. 长沙:国防科技大学出版社,1993.

贾沛然,沈为异. 弹道导弹弹道学[M]. 长沙:国防科技大学出版社,1980.

贾沛然. 垂线偏差对弹道导弹命中精度的影响[J]. 国防科技大学学报,1983(1):39-64.

蒋福珍,蔡少华. 覆盖层法计算高空扰动引力[Z],1984.

蒋福珍,操华胜,蔡少华,等. 确定地球外部重力场及其结果分析[J]. 地壳形变与地震,1986,6(4):273-283.

孔祥元,郭际明,刘宗泉. 大地测量学基础[M]. 武汉:武汉大学出版社,2001.

李济生. 社航天器轨道确定[M]. 北京:国防工业出版社,2003.

李建成,陈俊勇,宁津生,等. 地球重力场逼近理论与中国2000似大地水准面的确定[M]. 武汉:武汉大学出版社,2003.

李建伟. 扰动重力边值问题及数据处理研究[D]. 郑州:解放军信息工程大学,2004.

李照稳,张传定,陆银龙,等. 顾及频谱特性组合点质量模型的建立[J]. 测绘学报,2004,21(3):166-168.

林舸,李斐. 全球扰动场源的研究及其大地构造意义[J]. 地球物理学报,1997,40(2):193-201.

刘长弘,吴亮. 计算低空扰动引力的模型方法比较[J]. 测绘科学,2015,40(12):16-22.

刘纯根. 远程导弹射击诸元准备中的若干问题研究[D]. 长沙:国防科技大学,1998.

刘林. 航天器轨道理论[M]. 北京:国防工业出版社,2000.

陆仲连,吴晓平. 弹道导弹重力学[M]. 北京:八一出版社,1992.

陆仲连. 球谐函数[M]. 郑州:解放军出版社,1988.

罗志才. 利用卫星重力梯度数据确定起丢重力场的理论和方法[D]. 武汉:武汉大学,1996.

孟嘉春,蒋福珍,操华胜. 关于向上延拓法确定扰动重力的问题[J]. 中国科学院测量与地球物理研究所专刊,1984(8).

孟嘉春,蒋福珍,操华胜. 空间扰动重力确定方法的比较[J]. 测量与地球物理集刊,1987(5).

牟志华,阎肖鹏,赵丽莉. 原点垂线偏差对远程导弹定位结果的影响[J]. 弹箭与制导学报,2007,27(3):176-178.

宁津生.地球重力场模型及其应用[J].冶金测绘,1994,3(2):1-8.

宁津生.跟踪世界发展动态致力地球重力场研究[J].武汉大学学报(信息科学版),2001,25(4):1-4.

宁津生.卫星重力探测技术与地球重力场研究[J].大地测量与地球动力学,2002,22:1-5.

彭富清,夏哲仁.超高阶扰动场元的计算方法[J].地球物理学报,2004,47(6):1023-1028.

彭富清,于锦海.球冠谐分析中非整阶 Legendre 函数的性质及其计算[J].测绘学报,2000,29(3):204-208.

任萱.地球外部空间扰动引力对弹道导弹运动的影响—对被动段运动的影响[J].国防科技大学学报,1984,(7):63-82.

任萱.扰动引力作用时自由分行弹道计算的新方法[J].国防科技大学学报,1985,50(2):41-52.

施浒立,蔡显新.变形主面的最佳逼近描述和副面最佳匹配调整[J].电子机械工程,1988卷缺失(2):45-50.

施浒立,颜毅华,徐国华.工程科学中的广义延拓逼近法[M].北京科学出版社,2005.

石磐.利用局部重力数据改进重力场模型.[J].测绘学报,1994,23(4):276-281.

王建强,李建成,王正涛,等.球谐函数变换快速计算扰动引力[J].武汉大学学报(信息科学版),2013,38(9):1039-1043.

王建强,赵国强,朱广彬.常用超高阶次缔合勒让德函数计算方法对比分析[J].大地测量与地球动力学,2009,29(2):126-130.

王建强.地球重力场在导弹弹道学中的应用[D].武汉:武汉大学,2007.

王明海,杨辉耀,何浩东.垂线偏差对导弹命中精度影响研究[J].飞行力学,1995,13(2):90-95.

王昱.扰动引力的快速计算及其落点偏差的影响[D].长沙:国防科技大学,2002.

王正明,易东云.测量数据建模与参数估计[M].长沙:国防科技大学出版社,1996.

文汉江.重力场的有限元内插模型[J].测绘科学,1993,1:41-47.

吴晓平.局部重力场的点质量模型[J].测绘学报,1984,13(4):250-258.

吴星,刘雁雨.多种超高阶次缔合勒让德函数计算方法的比较[J].测绘科学技术学报,2006,23(3):188-191.

吴星,张传定.一类球谐函数与三角函数乘积积分的计算[J].测绘科学,2004,28(6):54-57.

吴招才,刘天佑,高金耀.局部重力场球冠谐分析中的导数计算及应用[J].海洋与湖沼,2006,37(6):488-492.

夏哲仁,李斐.外部重力场逼近中的近代理论与数据结构[J].测绘学报,1989,18(4):313.

夏哲仁,林丽.局部重力异常协方差函数逼近[J].测绘学报,1995,24(1):23.

夏哲仁,石磐,李迎春.高分辨率区域重力场模型DQM2000[J].武汉大学学报(信息科学版),2003,28(S1):124-128.

谢愈,郑伟,汤国建.弹道导弹全程扰动引力快速赋值方法[J].弹道学报,2011,23(3):18-23.

许厚泽,蒋福珍.关于重力异常球函数展式的变换[J].测绘学报,1964,7(4):252-260.

许厚泽,朱灼文.地球外部重力场的虚拟单层密度表示[J].中国科学(B辑),1984,(6):576-580.

游存义.地球外空重力扰动快速计算的新表达式和方法[C]//地球外空重力扰动计算讨论会,1991.

于锦海,朱灼文,彭富清.Molodensky边值问题中解析延拓法g_1项的小波算法[J].地球物理学报,2011,44(1):112-119.

张传定,许厚泽,吴星.地球重力场调和分析中的"轮胎"问题.大地测量与地球动力学进展[M].武汉:湖北科学技术出版社,2004.

张皥,吴晓平,赵东明.点质量模型计算空间扰动引力的多项式拟合研究[J].测绘科学,2007,32(6):42-45.

张小林,赵东明,王庆宾.扰动重力场精密确定与逼近效果分析[J].测绘科学技术学报,2009,26(3):212-215.

张毅,辉耀,李俊莉.弹道导弹弹道学[M].长沙:国防科技大学出版社,1998.

赵东明,吴晓平.利用有限元方法逼近飞行器轨道主动段扰动引力[J].宇航学报,2003,24(3):309-313.

赵东明,吴晓平.扰动引力快速确定的替代算法[J].测绘学院学报,2001,18(增刊):11-13.

赵东明.地球外部引力场的逼近与重力卫星状态的估计[R].武汉:武汉大学博士后研究工作报告,2009.

郑慧娆,陈绍林,莫忠息,等.数值计算方法[M].武汉:武汉大学出版社,2002.

郑伟,钱山,汤国建.弹道导弹制导计算中扰动引力的快速赋值[J].飞行力学,

2007,25(3):42—48.

郑伟,汤国建.扰动引力的有限元表达方法研究[C]// 2006年中国飞行力学学术年会,安徽黄山,2006.

郑伟,谢愈,汤国建.自由段弹道扰动引力计算的球谐函数极点变换[J].宇航学报,2011,32(10):2103—2108.

郑伟.地球物理摄动因素对远程弹道导弹命中精度的影响分析及补偿方法研究[D].长沙:国防科技大学,2006.

郑咸义,姚仰新,雷秀仁,等.应用数值分析[M].广州:华南理工大学出版社,2008.

钟波.基于GOCE卫星重力测量技术确定地球重力场的研究[D].武汉:武汉大学,2010.

朱灼文,黄金水,操华胜,等.一种基于统一引力场表示理论的外部扰动场赋值建模方法[J].武汉测绘科技大学学报,1999,24(2):95—98.

朱灼文,许厚泽.顾及局部地形效应的离散型外部边值问题[J].中国科学(B辑),1985,(2):185—192.

朱灼文.顾及椭球扁率效应的统一引力场表示[J].科学通报,1997,(16):1744—1748.

朱灼文.统一引力场表示理论[J].中国科学(B辑),1987,(12):1348—1356.

An C H, Ma S, Tan D, et al. A spherical cap harmonic model of the satellite magnetic anomaly field over china and adjacent areas[J]. Journal of Geomagnetism and Geoelectricity,1992,44:243—252.

Bajracharya S. Terrain effect on geoid determination [D]. Calgary:University of Calgary,2003.

Belikov M V. Spherical harmonic analysis and synthesis with the use of column-wise recurrence relations Mamuscripta geodaetica[J]. Journal of Geodesy,1991,16:384—410.

Benneff M M, Davis P W. Minuteman Gravity Modeling[J]. Proceeding AIAA Guidance and Control Conference,1976.

Bjerhammar A. A new theory of geodetic gravity[J]. Kungl. Tekn. Hagsk. Handl,1964.

Bjerhammar A. Discrete physical geodesy[D]. Columbus:The Ohio State University,1987.

Bone K. Geoid undulations computed from EGM96[J]. Science of Earth,2004,74.

Bowin. Depth of principal mass anomalies contributing to the earth's geoidal undulations and gravity anomalies[J]. Marine Geodesy,1983,7(4):61—100.

Clenshaw C W. A note on the summation of Chebyshev series[J]. MTAC, 1955,9(51):118—120.

Colombo O L. Numerical methods for harmonic analysis on the sphere,Dept. Geodetic Science and Surveying,Report 310[D]. Columbus:The Ohio State University,1981.

De Santis A,Falcone C. Spherical cap models of Laplacian potentials and general fields[C]// Spherical cap modelsof Laplacian potentials and general fields: Kluwer Academic Publishers,1995:141—150.

De Santis A,Kerridge D J,Barraclough D R. A spherical cap harmonic model of the crustal magnetic anomaly field in europe observed by MAGSAT[J]. A spherical cap harmonic model of the crustal magnetic anomaly field in europe observed by MAGSAT,1989,9(1):22—32.

De Santis A, Torta JM. Spherical cap harmonic analysis: a comment on its proper use for lacal gravity field representation[J]. Journal of Geodesy,1997,71 (9):526—532.

Gore R C. The effect of goephysical and geodetic uncertainties at launch area on ballistic missle impact accuracy, AD. 602214[J]. Journal of Pediatric Endocrinology and Metabolism,2014,27(9):885—890.

Haines G V. Magsat vertical field anomalies above 40N from sphercial cap harmonic analysis[J]. Journal of Geophysical Ressarch,1985,90:2593—2598.

Haines G V. Spherical cap harmonic analysis[J]. J. Geophys. Res,1985,90 (B3):2583—2591.

Heiskanen W A,MoritzH. Physical geodesy[M]. San Francisco:Freeman and Company,1967.

Hobson E W. The theory of spherical and ellipsoidal harmonics[M]. New York:Chelsea,1931.

Holmes S A,Featherstone W E. A unified approach to the Clenshaw summation and the recursive computation of very high degree and order normalised associated Legendre functions[J]. Journal of Geodesy,2002,76:279—299.

Holota P. Higher order theories in the solutions of boundary value problems of physical geodesy by means of successive approximations,The end Hotine-Marussi Symp. on Math[J]. Geod,1989.

Holota P. On the combination of terrestrial gravity data with satellite gradiometry and airborne gravimetry treated in terms of boundary-value problems[J]. International Association of Geodesy Symposia,2007,130:362—369.

Huang C,Chen S K. Fully normalized spherical cap harmonic:application to the analysis of se-level data from TOPEX/POSEIDON and ERS-1. Geophys. J[J]. Int,1997,129(2):450—460.

Huli Shi, YihuaYan. The extension finite element method for solving electromagnetic field problems in numerical methods and examples in engineering science [M]. PHEI,1992.

Hwang C, HsiaoY, Shih H, et al. Geodetic and geophysical results from a Taiwan airborne gravity sur-vey:data reduction and accuracy assessment[J]. Journal of Geophysical Ressarch,2007,112(B04407).

Jahnke E,Emde F. Tables of Runctions,teubner,leipzig[Z]. 1938.

Jekeli C. Potential theory and static gravity field of the earth[M]. Elsevier B. V,2007.

Jianqiang Wang,Guoqiang Zhao,Zhiqi Yu. The formation of the local gravitational model based on point-mass method[J]. Sensers & Transducers,2013,20 (SI):60—69.

John L,Junkins. Investigation of Finite-Element Representations of the Geopotential[J]. AIAA Journal,1976,14(6):803—808.

Koop R,Stelpstra D. On the computation of the gravitational potentail and its first and second order derivatives[J]. Manuscripta geodaetica,1989,14:373—382.

Kotsakis C. Least-squares collacation with covariance-matching constrains [J]. Journal of Geoedsy,2007,81(10):661—677.

Lebedev N N. Special functionsn and their application[M]. New York:NY, Dover,1972.

Lemoine F G, Kenyon. S C, Factor. J K, et al. The development of the joint NASA GSFC and the National Imagery and Mapping Agency (NIMA) geopotential model EGM96[R]:NASA Technical Paper NASA/TP-1998-206861,Goddard Space Flight Center,Greenbelt,1998.

Li Jiancheng, Chao Dingbo, Ning Jinsheng. Conunents on two dimensional convolution of the geodetic problems in planar and spherical coordinates[C]//Conunents on two dimensional convolution of the geodetic problems in planar and spherical coordinates:the international association of geodesy,IAG97,1997.

Li Jiancheng, Chao Dingbo, Ning Jinsheng. Spherical cap harmonic expansion for local gravity field representation[J]. Manuscr Geod, 1995, 20(4): 265－277.

Li Jiancheng. A formula for computing the gravity disturbance from the second radial derivative of the disturbing potential[J]. Journal of Geodesy, 2002, 76(4): 226－231.

Martinec Z. Stability investigations of a discrete downward continuation problem for geoid determination in the Canadian Rocky Mountains[J]. Journal of Geodesy, 1996, 70(11): 805－828.

Mathews J H, Fink K K. Nemerical methods using matlab[M]. New Jersey: Prentice－Hall Inc, 2004.

Molodenskii M S, Eremeev V F, Yurkina M I. Methods for study of the external gravitational field and figure of the earth[R]. Moscow: Central Research Institute of Geodesy, Aerial Photography and Cartography, 1960.

Moritz H. Advanced physical geodesy[M]. England: Abacus Press, 1980.

Needham R E. The formation and evaluation of detailed geopotential models based on pointmasses[D]. Ohio State: Geodetic Science and Surveying, The Ohio State University, 1970.

Omang O C D, Forsberg R. How to handle topography in practical geoid determination: three examples[J]. Journal of Geodesy, 2000, 74(6): 458－466.

Pavlis N K, Holmes S A, Kenyon S C, et al. An earth gravitation gravitational model to degree 2160: EGM2008[C]//the 2008 general assembly of the European Geosciences Union, Vienna, Austria, 2008: 13－18.

Qing Yu, YihuaYan. The application of block BEM-GNF in 3-D arbitrarily shaped conducting waveguide transitions[C]//International Conference on Electromagnetic Field Problem and Application (ICEF), 1992.

Richard J B. Potential theory in gravity and magnetic applications[M]. London: Cambridge University press, 1996.

Rizos C. An efficient computer technique for the evaluation of geopotential from spherical harmonic models[J]. Aust J Geod Photogram Surv, 1979, 31: 161－169.

Sanso F, Tscherning C C. Fast spherical collocation: theory and examples[J]. Journal of geodesy, 2003, 77(1－2): 101－112.

Sunkel H. The Generation of a mass point model from surface gravity data[D]: The Ohio State University, 1983.

Thebault E, Schott J J, Mandea M. Revised spherical cap harmonic analysis (R-SCHA): validation and properties[J]. Journal of Geophysical Ressarch, 2006, 111(B01102).

Torta J M, Santis A D. On the derivation of the Earth's conductivity structure by means of spherical cap harmonic analysis[J]. Journal of Geophysical Ressarch, 1996, 127: 441—451.

Tscherning C C. A note on the choice of norm when using collocation for the computation of approximations to the anomalous potential[J]. Geod, 1977, 51: 137—147.

Tscherning C C. Computation of spherical harmonic coefficients and their error estimate using least-squares collocation[J]. Journal of Geodesy, 2001, 75(1): 12—18.

Tscherning C C, Poder K. Some geodetic application of Clenshaw summation[J]. Boll. di Geodesia Science Affini, 1982, (XLI): 249—375.

Vanicek P A. A Comparison of stokes's and hotine's approaches to geoid computation[J]. Mamuscripta geodaetica, 1992, 17: 29—35.

Vanicek P, Tenzer R, Sjoberg L E, et al. New views of the spherical bouguer gravity anomaly[J]. Geophysical Journal International, 2004, 159: 460—472.

Van-heers G S. Stokes formula using fast Fourier techniques[J]. Manuscripta geodaetica, 1990, 15: 235—239.

Wellenhof B H, Moritz H. Physical geodesy[M]. Verlag, Austria: Springer, 2006.

Yihua Yan. On the application of the boundary element method in coronal magnetic field reconstruction[J]. Space Science Reviews, 2003, 107(1): 119—138.